Ekome Precious-Gift
Oiseoje M. Wangboje

Metais pesados no peixe e na água: Um estudo de caso do rio Orogodo

Ekome Precious-Gift
Oiseoje M. Wangboje

Metais pesados no peixe e na água: Um estudo de caso do rio Orogodo

ScienciaScripts

Imprint

Any brand names and product names mentioned in this book are subject to trademark, brand or patent protection and are trademarks or registered trademarks of their respective holders. The use of brand names, product names, common names, trade names, product descriptions etc. even without a particular marking in this work is in no way to be construed to mean that such names may be regarded as unrestricted in respect of trademark and brand protection legislation and could thus be used by anyone.

Cover image: www.ingimage.com

This book is a translation from the original published under ISBN 978-3-330-35326-8.

Publisher:
Sciencia Scripts
is a trademark of
Dodo Books Indian Ocean Ltd. and OmniScriptum S.R.L publishing group

120 High Road, East Finchley, London, N2 9ED, United Kingdom
Str. Armeneasca 28/1, office 1, Chisinau MD-2012, Republic of Moldova, Europe
Printed at: see last page
ISBN: 978-620-7-70260-2

Copyright © Ekome Precious-Gift, Oiseoje M. Wangboje
Copyright © 2024 Dodo Books Indian Ocean Ltd. and OmniScriptum S.R.L publishing group

ÍNDICE DE CONTEÚDOS

CAPÍTULO 1   2

CAPÍTULO 2   9

CAPÍTULO 3   19

CAPÍTULO 4   32

CAPÍTULO 5   42

CAPÍTULO 6   48

CAPÍTULO 1

1.0 Introdução

À medida que as populações humanas se multiplicam e a industrialização aumenta, os problemas de poluição ambiental tornam-se mais críticos (Quratulan *et al.*, 2015). A poluição é a introdução de substâncias ou produtos nocivos no ambiente. A poluição é classificada em vários grupos; a poluição do ar é designada como poluição atmosférica, a poluição da hidrosfera ou da água é designada como poluição da água, enquanto a poluição devida à eliminação de águas residuais é designada como poluição de efluentes industriais. A Nigéria, um dos principais produtores de petróleo do mundo, tem sido afetada por uma grave poluição ambiental, especialmente na região do delta do Níger, onde se realiza praticamente toda a sua produção petrolífera. As preocupações com os efeitos biológicos do crescente derrame de petróleo nos rios, estuários, lagoas de peixes e outras massas de água são cada vez maiores. Têm sido procurados meios eficazes de limpeza destes derrames, a fim de reduzir alguns dos efeitos nocivos dos derrames no ambiente (Orjiekwe *et al.*, 2013).

As ameaças dos poluentes no abastecimento de água têm sido objeto de atenção desde há algum tempo, devido aos vários efeitos adversos dos poluentes (Orjiekwe *et al.*, 2013). Os poluentes podem ser agrupados em poluentes de reserva e poluentes de fundo. Os poluentes de reserva são poluentes para os quais o ambiente tem pouca ou nenhuma capacidade de absorção, por exemplo, produtos químicos sintéticos persistentes, plásticos não biodegradáveis e metais pesados, enquanto os poluentes de fundo são aqueles para os quais o ambiente tem alguma capacidade de absorção (Wikipedia, 2015a). Os metais pesados são perigosos porque não podem ser transformados por microrganismos e, por conseguinte, acumulam-se na água, no solo, nos sedimentos de fundo e nos organismos vivos. Nos últimos anos, tem-se registado uma crescente preocupação ecológica e de saúde pública global associada à contaminação ambiental por metais pesados. A industrialização e a urbanização aumentaram a contribuição antropogénica de metais pesados na biosfera. Consequentemente, a exposição humana aumentou drasticamente em resultado de um aumento exponencial da sua utilização em diversas aplicações industriais, agrícolas, domésticas e tecnológicas. Os metais pesados são definidos como elementos metálicos que têm uma densidade relativamente elevada em comparação com a água (Tchounwou *et al.*, 2014). Os metais pesados incluem o chumbo (Pb), o cádmio (Cd), o níquel (Ni), o cobalto (Co), o ferro (Fe), o zinco (Zn), o crómio (Cr), o ferro (Fe), o arsénio (As), a prata (Ag) e os elementos do grupo da platina. Os metais pesados encontram-se em grande parte dispersos em formações rochosas. Os metais pesados estão mais disponíveis no solo e nos ecossistemas aquáticos e, numa proporção relativamente menor, na atmosfera sob a forma de partículas ou vapores (Mukti, 2014).

Uma vez libertados no ambiente através do ar, da água potável, dos alimentos ou de inúmeras variedades de químicos e produtos fabricados pelo homem, os metais pesados são levados para o corpo através da inalação, ingestão e absorção cutânea. Se os metais pesados entrarem e se acumularem nos tecidos do corpo mais rapidamente do que as vias de desintoxicação do corpo conseguem eliminar, então ocorre uma acumulação gradual destas toxinas. A exposição a concentrações elevadas não é necessária para produzir um estado de toxicidade no organismo, uma vez que a acumulação de metais pesados ocorre nos tecidos do corpo de forma gradual e, ao longo do tempo, pode atingir níveis de concentração tóxicos, muito para além dos limites admissíveis (Kamran *et al.*, 2013). Esta grave preocupação suscitada pelos metais pesados no ambiente cria uma imensa ameaça à existência de organismos que prosperam na área, à integridade ecológica do habitat, uma vez que estes metais pesados podem entrar nas cadeias alimentares, persistir no ambiente, bioacumular e biomagnificar e aumentar a exposição a riscos para a saúde pública (Enuneku *et al.*, 2013).

1.1 Fontes de poluição por metais pesados no meio aquático

Os ecossistemas aquáticos são fortemente influenciados pela descarga a longo prazo de águas residuais domésticas e industriais não tratadas, pelo escoamento de águas pluviais, por derrames acidentais e pelo despejo direto de resíduos sólidos. Todas estas descargas libertam poluentes, incluindo metais pesados, que têm um grande impacto ecológico negativo na qualidade da água e na rede alimentar circundante (Akoto e Abankwa, 2014). Os metais pesados existem naturalmente no solo a partir dos processos de formação do solo de desintegração dos recursos de origem em níveis raros (<1000mg kg^1) e raramente venenosos (Kamran *et al.*, 2013). Os metais pesados também ocorrem em pequenas quantidades naturalmente e podem entrar no sistema aquático através da lixiviação de rochas, poeiras transportadas pelo ar, incêndios florestais e vegetação (Ogoyi *et al.*, 2011; Akpor *et al.*, 2014). O aumento da sua ocorrência e acumulação no ambiente é o resultado de actividades humanas directas ou indirectas, como a rápida industrialização, a urbanização e outras fontes antropogénicas (Akpor *et al.*, 2014). As actividades humanas, como a produção industrial, a exploração mineira, a agricultura e o transporte, libertam uma grande quantidade de metais pesados para a bioesfera. As principais fontes de poluição por metais são a queima de combustíveis fósseis, a fundição de minérios metálicos, os resíduos urbanos, os fertilizantes, os pesticidas e os esgotos. A contaminação por metais pesados e a drenagem ácida de minas são preocupações muito importantes quando os resíduos que contêm sulfuretos ricos em metais provenientes da atividade mineira são armazenados ou abandonados (Kamran *et al.*, 2013). As concentrações de metais pesados nos ecossistemas aquáticos são geralmente monitorizadas através da medição das suas concentrações na água, nos sedimentos e no biota, que geralmente existem em níveis baixos na água e atingem concentrações consideráveis nos sedimentos e no biota.

1.2   Ocorrência e formas de metais pesados seleccionados

1.2.1 Cobre

O cobre é um nutriente vestigial essencial que é necessário em pequenas quantidades [5-20 microgramas por grama ($\mu g/g$)] para os seres humanos, outros mamíferos, peixes e mariscos para o metabolismo dos hidratos de carbono e o funcionamento de mais de 30 enzimas. O cobre provém principalmente de actividades antropogénicas, como a exploração mineira e a fundição, emissões e efluentes industriais, resíduos municipais e lamas de depuração. O cobre é moderadamente solúvel em água e liga-se facilmente aos sedimentos e à matéria orgânica (Frances, 2009). A utilização do cobre para matar algas, fungos e moluscos demonstra que é altamente tóxico para os organismos aquáticos (Okocha e Adedeji, 2012). O cobre sofre uma especiação complexa nas águas naturais; algumas formas são biodisponíveis (iões Cu^{2+} e Cu^+ livres), enquanto outras não o são. Apenas as formas biodisponíveis de cobre são consideradas tóxicas para os organismos expostos. A forma mais biodisponível e, por conseguinte, mais tóxica de cobre é o ião cúprico (Cu^{2+}) (Okocha e Adedeji, 2012). O cobre é geralmente mais tóxico para os organismos em água doce do que em água salgada. Uma das razões para esta diferença é que a água doce carece de catiões, que competem com o Cu^{2+} nos locais de ação biológica, aumentando assim a toxicidade do cobre (Brooks *et al.*, 2007). Em muitos animais aquáticos, o cobre causa toxicidade ao prejudicar a osmorregulação e a regulação iónica nas brânquias (McIntyre *et al.*, 2008). Além disso, a exposição a concentrações de cobre pode fazer com que os peixes percam o olfato e, por conseguinte, reduzam o apetite e a ingestão de alimentos.

Os compostos de cobre são amplamente utilizados como biocidas para controlar algas e macrófitas incómodas, caracóis de água doce que podem albergar a esquistossomose e outras doenças, ectoparasitas de peixes e mamíferos, organismos incrustantes marinhos e míldio e outras doenças de plantas cultivadas terrestres. Além disso, o cobre produzido é utilizado no fabrico de equipamento elétrico, tubagens e maquinaria.

1.2.2 Cádmio

O cádmio (número atómico: 48 e peso atómico relativo: 112,41U) é um sólido macio, metálico, cinzento prateado, relativamente raro (estado padrão). Nunca ocorre na natureza na sua forma elementar e é sempre encontrado num composto com outro elemento, ou seja, óxido de cádmio (CdO), cloreto de cádmio ($CdCl_2$), sulfureto de cádmio (CdS), cianeto de cádmio [$Cd(CN)_2$], carbonato de cádmio ($CdCO_3$) e nitrato de cádmio [$Cd(NO)_{32}$] (Jimoh *et al.*, 2015). Embora raro em águas superficiais, o Cd é altamente tóxico para alguns seres aquáticos (Perera *et al.*, 2015). As emissões naturais devem-se principalmente à mobilização do Cd que ocorre naturalmente na crosta terrestre e no manto; por exemplo, atividade vulcânica e meteorização de rochas. As libertações antropogénicas resultam principalmente da mobilização de impurezas de Cd em matérias-primas (por exemplo, minerais de fosfato, combustíveis fósseis) e de libertações resultantes do fabrico, utilização, eliminação, reciclagem, recuperação ou incineração de produtos de forma intencional (Programa das Nações Unidas para o Ambiente, PNUA, 2010).

O cádmio, enquanto elemento tóxico, pode atuar como agente indutor de stress nos peixes (Annabi *et al.*, 2013). A exposição ao cádmio pode levar aos resultados de alguns danos fisiopatológicos, incluindo a redução da taxa de crescimento em peixes (Perera *et al.*, 2015). Comercialmente, o Cd é usado em ecrãs de televisão, lasers, baterias, pigmentos de tinta, cosméticos e na galvanização de aço, como barreira na fissão nuclear, e foi usado com zinco para soldar vedações em tubos de água de chumbo antes da década de 1960 (Robin, 2013).

1.2.3 Chumbo

O chumbo é o metal pesado mais comum e representa 13mg/kg da crosta terrestre. O chumbo é um metal macio, maleável e pesado pós-transição (Wikipedia, 2015b). O chumbo não é essencial e é tóxico mesmo em concentrações relativamente baixas. Os compostos de chumbo podem ser encontrados em todas as partes do nosso ambiente como resultado de actividades humanas, como a queima de combustíveis fósseis, a exploração mineira e a indústria transformadora. O chumbo existe em vários estados de oxidação (O, I, II e IV), que são de importância ambiental. A forma divalente Pb (II) é considerada a forma em que a maior parte do Pb é bioacumulada pelos organismos aquáticos.

O chumbo é amplamente utilizado em baterias de automóveis, pigmentos, munições, revestimento de cabos, pesos para levantamento de pesos, cintos de pesos para mergulho, vidro de cristal de chumbo, proteção contra radiações e em algumas soldas. É frequentemente utilizado para armazenar líquidos corrosivos. Por vezes, é também utilizado na arquitetura, em telhados e em vitrais (Royal Society of Chemistry, 2015). A presença de chumbo na água potável está limitada a 0,001ppm. O envenenamento por chumbo é muitas vezes chamado de "a doença invisível" porque é difícil de notar. O chumbo interfere com uma variedade de processos corporais e é tóxico para muitos órgãos e tecidos, incluindo o coração, os ossos, os intestinos, os rins, os sistemas reprodutivo e nervoso. Interfere com o desenvolvimento do sistema nervoso e é, por isso, particularmente tóxico para as crianças, causando perturbações de aprendizagem e de comportamento potencialmente permanentes.

1.2.4 Zinco

O zinco é um elemento comummente encontrado na crosta terrestre. É libertado para o ambiente tanto por fontes naturais como antropogénicas; no entanto, as libertações de fontes antropogénicas são maiores do que as de fontes naturais (Wikipedia, 2015c). As principais fontes antropogénicas de zinco no ambiente (ar, água, solo) estão relacionadas com operações mineiras e metalúrgicas que envolvem zinco, escórias e resíduos de fundição, cinzas volantes de carvão e de fundo e a utilização de produtos comerciais, como fertilizantes e conservantes de madeira, que contêm zinco.

O zinco é um elemento essencial e é um componente importante do corpo humano e também um nutriente essencial para quase todas as plantas. Por esta razão, as algas que crescem em riachos e lagos podem absorver uma grande parte do zinco dissolvido na água. O zinco encontra-se no ambiente principalmente no estado de oxidação +2. O zinco bioconcentra-se moderadamente nos organismos aquáticos, sendo esta bioconcentração mais elevada nos crustáceos e nas espécies de bivalves do que nos peixes. Embora o zinco seja um dos elementos menos perigosos, a sua toxicidade pode ser aumentada pela presença de As, Cd e Pb como impurezas. O zinco é mais prejudicial para a vida aquática durante as fases iniciais em águas moles, em condições de pH baixo, alcalinidade baixa, oxigénio dissolvido baixo e temperaturas elevadas.

1.25 Ferro

O ferro é o segundo metal mais abundante e o quarto elemento mais abundante na crosta terrestre, mas a sua concentração na água é bastante baixa devido à sua baixa solubilidade. O ferro provém principalmente dos produtos das rochas intemperizadas e do solo em torno das bacias hidrográficas, controlados por muitos factores, como o processo geológico, a composição do solo, a temperatura ambiente, a precipitação e a hidrologia (Xing e Liu, 2011). As fontes antropogénicas de ferro no ecossistema aquático são as descargas de águas residuais e de águas pluviais.

A concentração e a especiação do ferro na água dependem das condições redox e luminosas, do pH e da quantidade de matéria orgânica dissolvida. O ferro apresenta-se geralmente sob duas formas: o ferro ferroso (Fe^{2+}) e o ferro férrico (Fe^{3+}). A acumulação de ferro a longo prazo e a toxicidade do ferro podem alterar a fisiologia, a morfologia, a anatomia, os traços da história de vida, a composição das espécies e a dinâmica das comunidades de plantas aquáticas.

1.3 Justificação do estudo

As comunidades que o rio Orogodo atravessa são comunidades agrícolas que dependem fortemente de fertilizantes inorgânicos, pelo que o rio está sujeito a descargas de resíduos agrícolas nocivos. O rio Orogodo serve também como ponto de drenagem de todas as águas residuais produzidas industrialmente ou a nível doméstico na metrópole de Agbor e não só. A maioria dos canais de drenagem construídos pelo Estado e pelo Governo local na metrópole de Agbor e nas aldeias circundantes, destinados a controlar as inundações e a erosão, são canalizados diretamente para o rio em vários pontos ao longo do seu comprimento.

Apesar disso, os membros da comunidade de Agbor diversificam a sua atividade para a pesca no rio Orogodo como meio de subsistência alternativo e para sustentar e complementar as suas necessidades nutricionais, especialmente na época baixa da agricultura. O peixe faz parte das suas refeições, no entanto, os seres humanos podem estar em risco devido à contaminação por metais nos tecidos dos peixes e na água derivada da poluição das bacias hidrográficas. Assim, é imperativo avaliar a poluição por metais na fase aquática e nas diferentes espécies de peixe utilizadas pelas comunidades ao longo do rio Orogodo. É também prudente estimar os riscos para a saúde decorrentes da exposição à água do rio e do consumo de peixe nela contido.

1.4 Objectivos do estudo

Os objectivos do estudo são os seguintes

1. Determinar os níveis de metais pesados (chumbo, cobre, ferro, zinco e cádmio) na água do rio Orogodo.

2. Determinar as concentrações dos metais pesados acima referidos nos peixes encontrados no rio.

3. Determinar a bioacumulação de metais pesados nos peixes do rio.

4. Comparar a concentração de metais pesados no peixe e na água com as normas da Organização das Nações Unidas para a Alimentação e a Agricultura e da Organização Mundial de Saúde, a fim de verificar se são adequados para consumo humano.

CAPÍTULO 2

2.1 Revisão da literatura

A contaminação dos ecossistemas aquáticos com metais pesados tem sido objeto de grande atenção devido à sua toxicidade, abundância e persistência no ambiente e subsequente acumulação nos habitats aquáticos (Iqbal e Munir, 2014). Os metais pesados estão entre os poluentes ambientais mais comuns, e a sua ocorrência nas águas e no biota indica a presença de fontes naturais ou antropogénicas. Em geral, nos ecossistemas naturais, a maioria dos metais está presente em concentrações muito baixas e é maioritariamente derivada da meteorização de rochas e solos (Reza e Singh 2010; Varol e Sen 2012). A poluição por metais pesados não só afecta a qualidade da atmosfera e das massas de água, como também ameaça a saúde e a vida dos animais e dos seres humanos através da cadeia alimentar. O mais grave é o facto de este tipo de poluição ser encoberto, a longo prazo e não reversível. Os metais pesados são também um dos principais agentes contaminantes do nosso abastecimento alimentar (Khair, 2009). As principais fontes antropogénicas de poluição por metais pesados são as actividades mineiras e de fundição, a deposição atmosférica, a eliminação de efluentes urbanos e industriais não tratados/parcialmente tratados, os quelatos metálicos provenientes de diferentes indústrias e a utilização aleatória de fertilizantes e pesticidas contendo metais pesados durante as actividades agrícolas.

Os metais pesados são elementos que ocorrem naturalmente e que têm um peso atómico elevado e uma densidade pelo menos 5 vezes superior à da água (Tchounwou *et al.*, 2014). A poluição por metais pesados é um perigo químico inorgânico, causado principalmente pelo chumbo (Pb), crómio (Cr), arsénio (As), cádmio (Cd), mercúrio (Hg), zinco (Zn), cobre (Cu), cobalto (Co) e níquel (Ni) (Hui *et al.*, 2014). Os metais pesados são transportados como espécies dissolvidas na água ou como parte integrante de sedimentos em suspensão. Os metais pesados podem ser classificados em: potencialmente tóxicos (alumínio, arsénio, cádmio, antimónio, chumbo e mercúrio), semi-essenciais como o níquel, o vanádio, o cobalto e essenciais como o cobre, o zinco, o selénio, entre outros (Szentmihalyi e Then, 2007).

A maioria dos rios do mundo que correm através das áreas povoadas são altamente vulneráveis à poluição por metais pesados devido à urbanização e industrialização (Barakat *et al.*, 2012). Os metais pesados podem entrar na rede alimentar através do consumo direto de água ou organismos ou através de processos de absorção e ser potencialmente acumulados em peixes comestíveis. O peixe é considerado um dos factores mais indicativos, em sistemas de água doce, para a estimativa do potencial de poluição por metais vestigiais.

2.2   Bioacumulação de metais pesados em peixes

A bioacumulação é o aumento da concentração de um poluente do ambiente para o primeiro organismo de uma cadeia alimentar. O mecanismo de bioacumulação de metais pesados em peixes inclui diferentes processos de forma dinâmica. Tanto as respostas fisiológicas/bioquímicas como a geoquímica dos metais são responsáveis pelas diferenças nas concentrações de metais observadas em diferentes populações de espécies aquáticas (Mahino *et al.*, 2014). A bioacumulação de metais pesados variou entre espécies, idades, sexo e órgãos. Em geral, os tecidos-alvo dos metais pesados são os metabolicamente activos, que acumulam níveis elevados de metais nos peixes, como o fígado e as guelras, ao passo que os músculos, onde a atividade metabólica é relativamente baixa, acumulam menos metais pesados (Alaa *et al.*, 2015). A taxa de bioacumulação de metais pesados em organismos aquáticos depende da capacidade dos organismos para metabolizar os metais e da concentração desses metais no rio. Também tem a ver com a concentração do metal pesado nos sedimentos circundantes, bem como com os hábitos alimentares do organismo. Os animais aquáticos (incluindo os peixes) bioacumulam metais vestigiais em quantidades consideráveis e armazenam-nos durante um longo período de tempo nos ossos, no fígado e nas guelras, em resultado dos seus diferentes papéis fisiológicos (Fredrick *et al.*, 2014).

2.3   Percurso dos metais pesados na cadeia alimentar

Os metais pesados são omnipresentes e quimicamente estáveis, pelo que é de esperar que estejam presentes em todas as partes da matéria biótica e abiótica. Os metais pesados podem ser diretamente absorvidos pelos organismos, mas também são transferidos de níveis tróficos inferiores para níveis superiores da cadeia alimentar. A elevada acumulação de metais pesados nestes componentes pode resultar em alterações ecológicas graves. Um dos resultados mais graves da persistência destes metais é a sua amplificação biológica na cadeia alimentar. A maior parte dos metais pesados libertados no ambiente entra na fase aquática em resultado da entrada direta, da deposição atmosférica e da erosão devida à chuva. O percurso na cadeia alimentar começa no caso do cádmio no solo através das raízes para as plantas, no caso do chumbo através das poeiras atmosféricas e no caso do arsénio e do mercúrio na água poluída. Durante a transferência de um elo da cadeia para outro, alguns metais pesados podem ser acumulados até ao último elo, o homem (Kalay e Canli, 2000).

Os metais transferidos através das cadeias e teias alimentares aquáticas para os peixes, o homem e outros animais são motivo de maior preocupação ambiental (Farkas *et al.*, 2000). Os metais persistem no ambiente e tornam-se bioconcentrados e biomagnificados ao longo da cadeia alimentar, o que pode ser responsável pela elevada concentração destes metais em predadores como os tubarões e as águias. Alguns resultados de investigação mostraram que os metais pesados no ambiente aquático podem acumular-se na biota, especialmente nos peixes, uma vez que estes são o organismo aquático mais comum ao nível mais elevado (Olaifa *et al.*, 2004; Ololade *et al.* ,2008).

As principais vias de exposição incluem a absorção pelas plantas, a inalação de poeiras, a ingestão direta e o consumo de plantas alimentares cultivadas em solos contaminados com metais. A absorção pelas plantas é uma das principais vias através das quais os metais pesados entram na cadeia alimentar; os vegetais absorvem metais pesados e acumulam-nos nas suas partes comestíveis e não comestíveis em quantidades suficientemente elevadas para causar problemas clínicos tanto aos animais como aos seres humanos. Na água, os metais pesados insolúveis ligados a pequenas partículas de lodo, os metais e outros contaminantes fluviais em solução ou suspensão não se limitam a fluir pela corrente, formam complexos com outros compostos, depositam-se no fundo e são ingeridos por plantas e animais ou absorvidos pelos sedimentos. Os contaminantes, como os metais pesados, sobem na cadeia alimentar a partir dos mais pequenos peixes, invertebrados e plâncton, acabando por chegar ao homem. Os peixes assimilam essencialmente os metais pesados através da ingestão de material alimentar particulado em suspensão ou por processos constantes de troca iónica de metais dissolvidos através de membranas lipofílicas como as brânquias, adsorção de metais dissolvidos nos tecidos e nas superfícies das membranas (Oguzie e Izevbigie, 2009). Os peixes são o organismo final da cadeia alimentar aquática e uma importante fonte de alimento para o homem. Consequentemente, os metais pesados presentes em ambientes aquáticos são transferidos ao longo da cadeia alimentar para os seres humanos (King e Jonathan, 2010).

2.4   Poluição aquática na Nigéria

Um dos principais problemas nos países em desenvolvimento é a falta de água potável adequada, especialmente nas comunidades rurais que dependem de riachos, rios, lagoas e ribeiros como principal fonte de água potável. Os factores antropogénicos foram identificados como a principal fonte de poluição das massas de água (Kumar e Kumar, 2013). A Nigéria, um dos principais produtores de petróleo do mundo, tem sofrido de poluição ambiental grave, especialmente na região do Delta do Níger, onde praticamente toda a sua produção de petróleo tem lugar. As preocupações com os efeitos biológicos do crescente derrame de petróleo nos rios, estuários, lagoas de peixes e outras massas de água são cada vez maiores. Têm sido procurados meios eficazes de limpeza destes derrames, a fim de reduzir alguns dos efeitos nocivos dos derrames no ambiente (Orjiekwe *et al.*, 2013).

Como em muitos outros países do mundo, vários estudos foram realizados em corpos de água na Nigéria, a fim de determinar o nível de metais pesados em peixes e órgãos de peixes, água, efluentes e sedimentos (Ada *et al.*, 2012; Osakwe e Peretiemo-Clarke, 2013; Jeje e Oladepo, 2014) e mais pesquisas continuam a intensificar-se, especialmente no Delta do Níger. O problema da poluição da água por metais vestigiais é agora bem conhecido por ser crucial em todo o mundo e especialmente num país em desenvolvimento como a Nigéria; todos enfrentam o problema da ameaça cada vez maior de poluição da água devido à tecnologia moderna, industrialização e civilização. Os efluentes industriais que contribuem para a contaminação aquática contêm substâncias muito tóxicas. Sem dúvida, a presença de poluentes degrada a qualidade da água e prejudica a sua utilidade para fins de consumo e outros animais aquáticos, que servem de alimento para o ser humano (Ghorade, 2013).

As comunidades de Agbor e Owa, que atravessam o rio Orogodo, são comunidades agrícolas que produzem principalmente géneros alimentícios (inhame, milho, legumes, mandioca, banana e frutos) e criação de animais (cabras, vacas e porcos). As actividades agrícolas na zona são desenvolvidas ao longo da margem do rio. Os resíduos agrícolas (espigas de milho, cascas de mandioca, estrume do gado, fertilizantes, pesticidas, etc.) são descarregados diretamente no rio ou como escoamento superficial. Os resíduos agrícolas, como fator que contribui para a má qualidade da água do rio Orogodo, têm sido uma fonte de preocupação para os habitantes das comunidades de Agbor e Owa no Estado do Delta, Nigéria (Rim-Rukeh *et al.*, 2006).

2.5 Efeitos dos metais pesados nos peixes

O peixe é uma fonte vital de alimento para as pessoas. É a mais importante fonte individual de proteínas de alta qualidade para o homem, fornecendo mais de 16% das proteínas animais consumidas pela população mundial. O peixe encontra-se no topo da cadeia alimentar aquática e pode concentrar grandes quantidades de metais da água. Os peixes absorvem metais pesados da água circundante através das suas brânquias, que são a principal via de absorção de poluentes transportados pela água, e armazenam-nos nos seus tecidos (Krishna *et al.*, 2014). As contaminações por metais pesados têm efeitos devastadores no equilíbrio ecológico do ambiente recetor e numa diversidade de organismos aquáticos.

Todos os metais pesados, embora alguns deles sejam micronutrientes essenciais, têm efeitos tóxicos nos organismos vivos através da interferência metabólica e da mutagénese; estes metais alteram as actividades fisiológicas e os parâmetros bioquímicos, tanto nos tecidos como no sangue. Estes efeitos tóxicos dos metais pesados incluem a redução da aptidão física, a interferência na reprodução que conduz ao carcinoma e, finalmente, à morte (Pandey e Madhuri, 2014).

2.5.1 Cobre

O cobre exerce uma vasta gama de efeitos fisiológicos nos peixes, incluindo o aumento da síntese de metalotioneína nos hepatócitos, a alteração da química do sangue e a histopatologia das brânquias e da pele (Ezeonyejiaku *et al.*, 2011). Em concentrações ambientalmente realistas, o cobre livre afecta negativamente a resistência dos peixes a doenças bacterianas; perturba a migração (ou seja, os peixes evitam zonas de desova contaminadas com cobre); altera a locomoção através da hiperatividade; prejudica a respiração; perturba a osmorregulação através da inibição da Na^+/K^+ - ATPase activada das brânquias; tem impacto nos mecanorreceptores dos canais da linha lateral; prejudica as funções dos órgãos olfactivos e do cérebro; e está associado a alterações na química do sangue, nas actividades enzimáticas e no metabolismo dos corticosteróides. O cobre pode afetar o sucesso reprodutivo dos peixes através da perturbação da coordenação da eclosão com a disponibilidade de alimentos ou através de efeitos adversos nas larvas de peixes. A exposição subletal de peixes ao cobre suprime a resistência a agentes patogénicos virais e bacterianos (Eisler, 1998) e, no caso do peixe-gato respirador (*Saccobranchus fossilis*), afecta a imunidade humoral e mediada por células, a pele e as superfícies respiratórias. O cobre também afecta negativamente o olfato (sentido do olfato) nos peixes. A deteção de odores ocorre quando moléculas odoríferas dissolvidas se ligam a moléculas receptoras olfactivas. A redução do olfato leva à redução do apetite e da ingestão de alimentos, o que, por sua vez, contribui para a redução do crescimento do salmão e de outros peixes (McIntyre *et al.*, 2008).

2.5.2 Zinco

Kumar *et al.* (2015) opinaram que os peixes de água doce são mais sensíveis ao zinco do que as espécies marinhas; os embriões e as larvas são as fases de desenvolvimento mais sensíveis. Os sinais de envenenamento por zinco nos peixes incluem hiperatividade seguida de lentidão antes da morte, os peixes nadam à superfície, são letárgicos e descoordenados, apresentam hemorragias nas brânquias e na base das barbatanas, perdem escamas e têm um muco extenso no corpo e nas brânquias. O envenenamento agudo por zinco nos peixes é geralmente atribuído ao bloqueio das trocas gasosas através das brânquias, causando hipoxia ao nível dos tecidos. A hipóxia tecidular em peixes é uma alteração fisiológica importante antes da morte, uma vez que o processo de troca gasosa nas brânquias já não é suficiente para satisfazer as suas necessidades de oxigénio (Lenhardt *et al.*, 2012). As concentrações de zinco em peixes e outros vertebrados aquáticos são modificadas pela dieta, idade do organismo, estado reprodutivo e outras variáveis. Nos peixes, a dieta é a principal via de absorção de zinco e os juvenis acumulam zinco do meio mais rapidamente do que os embriões ou as larvas (Pandey e Madhuri, 2014).

2.5.3 Cádmio

O cádmio interage com o metabolismo do cálcio nos animais. Nos peixes, provoca falta de cálcio (hipocalcemia), provavelmente através da inibição da absorção de cálcio da água. No entanto, concentrações elevadas de cálcio na água protegem os peixes da absorção de cádmio, competindo nos locais de absorção. Os efeitos da exposição a longo prazo podem incluir a mortalidade das larvas e a redução temporária do crescimento. O zinco aumenta a toxicidade do cádmio para os invertebrados aquáticos (Robin, 2013). Foram registados efeitos subletais no crescimento e na reprodução de invertebrados aquáticos; existem efeitos estruturais nas brânquias dos invertebrados. O cádmio em doses elevadas induz alterações estruturais e funcionais em vários órgãos vitais, incluindo o fígado, os rins, as brânquias e o intestino dos peixes (Sehar *et al.*, 2014). Induz várias alterações patológicas nos tecidos hepáticos, incluindo ingurgitamento dos vasos sanguíneos, congestão, degeneração vacuolar dos hepatócitos, necrose das células pancreáticas e alterações gordas nos hepatócitos peripancreáticos (Dangre *et al.*, 2010).

2.5.4 Ferro

A presença de ferro em concentrações acima de 0,1mg/l, o ferro danificará as guelras do peixe. A toxicidade do ferro dependerá da espécie do peixe e do tamanho do peixe. As brânquias dos peixes actuam, de facto, como um filtro mecânico, e pequenas partículas de ferro com dimensões de alguns microns ficam presas na lamela branquial (Saeidi e Jamshidi, 2010). É por este motivo que a espécie e o tamanho do peixe são importantes. A presença de pequenas partículas de ferro provoca a irritação dos tecidos branquiais, levando a danos nas brânquias e a infecções bacterianas e fúngicas secundárias (Saeed *et al.*, 2014).

2.5.5 Chumbo

Embora a contaminação grosseira possa resultar na morte de peixes, a toxicidade subletal pode exercer danos subtis nas populações de peixes durante períodos de tempo mais longos e em áreas mais vastas do ecossistema, à medida que as concentrações de chumbo se espalham e se diluem. Tal como acontece com os invertebrados, as diferentes espécies, tamanhos e fases de vida dos peixes apresentam uma vasta gama de sensibilidade às concentrações de chumbo. A qualidade da água, que influencia a biodisponibilidade do chumbo, também desempenha um papel substancial. A exposição crónica dos peixes ao chumbo pode provocar um aumento das taxas de mortalidade, uma redução do sucesso de eclosão e indícios de neurotoxicidade, como indicado pela maior incidência de caudas negras (escurecimento da zona caudal) e curvaturas da coluna vertebral (Pandey e Madhuri, 2014).

2.6 Efeito dos metais pesados no homem

As últimas três décadas foram testemunhas de vários relatórios sobre a toxicidade dos metais pesados nos seres humanos, devido à contaminação dos peixes e dos organismos da pesca (Anim *et al.*, 2011; Mohamad e Osman, 2014). A acumulação de metais pesados no ambiente aquático tem consequências directas para o homem e para o ecossistema. As células humanas utilizam metais como o zinco, o cobre e o ferro para controlar o metabolismo e funções importantes, tornando-os essenciais para a vida (Hanaa, 2012). Nos seres humanos, o Cu é essencialmente necessário mas, em doses elevadas, pode ocorrer anemia, danos no fígado e nos rins, irritação do estômago e dos intestinos. A exposição ao Pb pode causar muitos efeitos, dependendo do nível e da duração do Pb. O feto e o bebé em desenvolvimento são mais sensíveis do que os adultos. O cádmio pode danificar os rins, o sistema nervoso central e o sistema imunitário. Pode também causar fracturas ósseas e problemas reprodutivos. Pode causar dores de estômago, diarreia e vómitos (Pandey e Madhuri, 2014).

2.6.1 Cádmio

As propriedades toxicológicas do cádmio derivam da sua semelhança química com o Zn (um micronutriente essencial para as plantas, os animais e os seres humanos). Uma vez absorvido por um organismo, o Cd pode estar presente durante muitos anos (mais de décadas para os seres humanos), embora acabe por ser excretado. A ingestão média diária de Cd para os seres humanos é de 0,15µg do ar e 1µg da água. Uma exposição elevada ao Cd pode causar doença pulmonar obstrutiva e cancro do pulmão. Foram também registados defeitos ósseos (osteomalácia, osteoporose) em seres humanos e animais. Além disso, também pode causar aumento da pressão arterial e doença do miocárdio em animais (Pandey e Madhuri, 2014). Foi relatado que o cádmio tem uma ação nefrotóxica no homem e em vários animais. De facto, o rim é o principal órgão-alvo da toxicidade do cádmio e a exposição crónica ao cádmio em quase todas as espécies animais é caracterizada por um grau variável de danos renais (Vesey, 2010).

2.6.2 Chumbo

A toxicidade do chumbo tornou-se muito importante devido à sua grande preocupação com a saúde humana (Rossi e Jamet, 2008; Healey, 2009). Os recém-nascidos e as crianças de tenra idade são especialmente sensíveis mesmo a níveis baixos de chumbo. O chumbo provoca danos nos rins, no fígado, no cérebro e nos nervos, bem como noutros órgãos. A exposição ao chumbo pode também provocar osteoporose (doença dos ossos frágeis) e perturbações reprodutivas. A exposição extrema ao chumbo provoca aptidões, atraso mental, perturbações comportamentais, problemas de memória e alterações de humor. Níveis baixos de chumbo danificam o cérebro e os nervos em fetos e crianças pequenas, resultando em défices de aprendizagem e QI reduzido. A exposição ao chumbo provoca tensão arterial elevada e aumenta as doenças cardíacas, especialmente nos homens. A exposição ao chumbo pode também provocar anemia (Sehar *et al.*, 2014).

2.6.3 Zinco

Embora os seres humanos consigam lidar com concentrações proporcionalmente grandes de zinco, um excesso de zinco pode causar problemas de saúde de renome, tais como cólicas estomacais, irritação da pele, vómitos, náuseas e anemia. Níveis muito elevados de zinco podem danificar o pâncreas, perturbar o metabolismo das proteínas e causar arteriosclerose. A exposição prolongada ao cloreto de zinco pode causar perturbações respiratórias. No entanto, vale a pena mencionar que alguns dos investigadores são da opinião de que os efeitos adversos do peixe são neutralizados no processo de cozedura. Para além disso, esses efeitos negativos são ainda mais reduzidos durante o acondicionamento do peixe para o banquete humano (Sehar *et al.*, 2014).

2.6.4 Cobre

Nos seres humanos, o Cu é essencialmente necessário, mas em doses elevadas, pode ocorrer anemia, danos no fígado e nos rins, e irritação do estômago e dos intestinos. Encontra-se normalmente na água potável proveniente de tubagens de cobre e de aditivos destinados a controlar o crescimento de algas (Pandey e Madhuri, 2014). A água potável que contém concentrações de cobre superiores às normais pode causar vómitos, diarreia, cólicas estomacais, náuseas e fezes e saliva esverdeadas ou azuladas. A ingestão elevada de cobre pode provocar lesões no fígado e nos rins e, por vezes, a morte, especialmente nas crianças (Frances, 2009). Prevê-se que a gravidade dos efeitos do cobre aumente com o aumento da dose e da duração da exposição. A doença de Wilson é a única doença neuropatológica que ocorre naturalmente nos seres humanos e noutros mamíferos em que o envenenamento por cobre está implicado. As pessoas com a doença de Wilson apresentam alterações patológicas graves no cérebro, especialmente nos gânglios basais, e no fígado; a patologia está associada a um excesso de cobre nos tecidos. As concentrações de cobre nos tecidos de crianças que morrem da doença de Wilson são de até 2.217mg/kg de peso seco (DW) no fígado e 1.245mg/kg DW no rim (Pandey e Madhuri, 2014).

2.6.5 Ferro

A primeira indicação de envenenamento por ingestão de ferro é uma dor de estômago, uma vez que o ferro é corrosivo para o revestimento do trato gastrointestinal, incluindo o estômago. As náuseas e os vómitos são também sintomas comuns, podendo ocorrer vómitos com sangue. A dor diminui durante 24 horas à medida que o ferro penetra mais profundamente no organismo, provocando uma acidose metabólica que, por sua vez, danifica os órgãos internos, nomeadamente o cérebro e o fígado (Wikipédia, 2016d). Ao danificar o fígado, a toxicidade do ferro pode contribuir para a hepatite e outras doenças hepáticas. O ferro aumenta o sódio, o que pode reduzir os níveis de cálcio, magnésio e zinco. Esta situação provoca frequentemente nervosismo e irritabilidade. O ferro é conhecido por destruir a vitamina C, o que, por sua vez, resulta em escorbuto. O excesso de ferro pode esgotar a vitamina B6 e a vitamina C. Além disso, a toxicidade do ferro pode também causar uma deficiência de manganésio, zinco e cobre (Analytical Research Labs, 2016). Os factores que influenciam a toxicidade do ferro incluem o nível de cobre, o nível de fósforo e o nível de vitamina E (Cornell University, 2016).

CAPÍTULO 3

3.1 Materiais e métodos

3.2 Área de estudo

O estudo foi efectuado ao longo do rio Orogodo, localizado entre as latitudes 5° 43'N e 5° 30'N e as longitudes 6° 20'E e 6° 12'E (Fig. 1). A geologia da área é maioritariamente de rocha arenosa sedimentar terciária recente. O clima da área de estudo apresenta as características de um clima subequatorial com uma temperatura média anual do ar de 27° C (Oyem *et al.*, 2015). O padrão de precipitação é o de picos duplos ou máximos com uma precipitação média anual de 2 225 mm; enquanto a humidade relativa média é de 81% e o tipo de solo é o ferrassolo vermelho-amarelo (Avwunudiogba, 2000). A estação chuvosa é provocada pelo vento alísio do sudoeste que sopra através do Oceano Atlântico, enquanto o vento alísio seco, poeirento e frequentemente frio do nordeste que sopra através do deserto do Sara domina a estação seca com um curto período de Harmattan (Puyate *et al.*, 2007). O rio tem a sua nascente na aldeia de Mbiri a uma altitude de 150m acima do nível do mar. Serpenteia e flui através das comunidades de Agbor e Abavo, ambas na Área Governamental Local de Ika South, até Obazagbon-Nugu e Evboesi, ambas na Área Governamental Local de Orhionmwon, Estado de Edo e, finalmente, desagua num pântano perto de Abraka, no Estado do Delta (Meye e Ikomi, 2012).

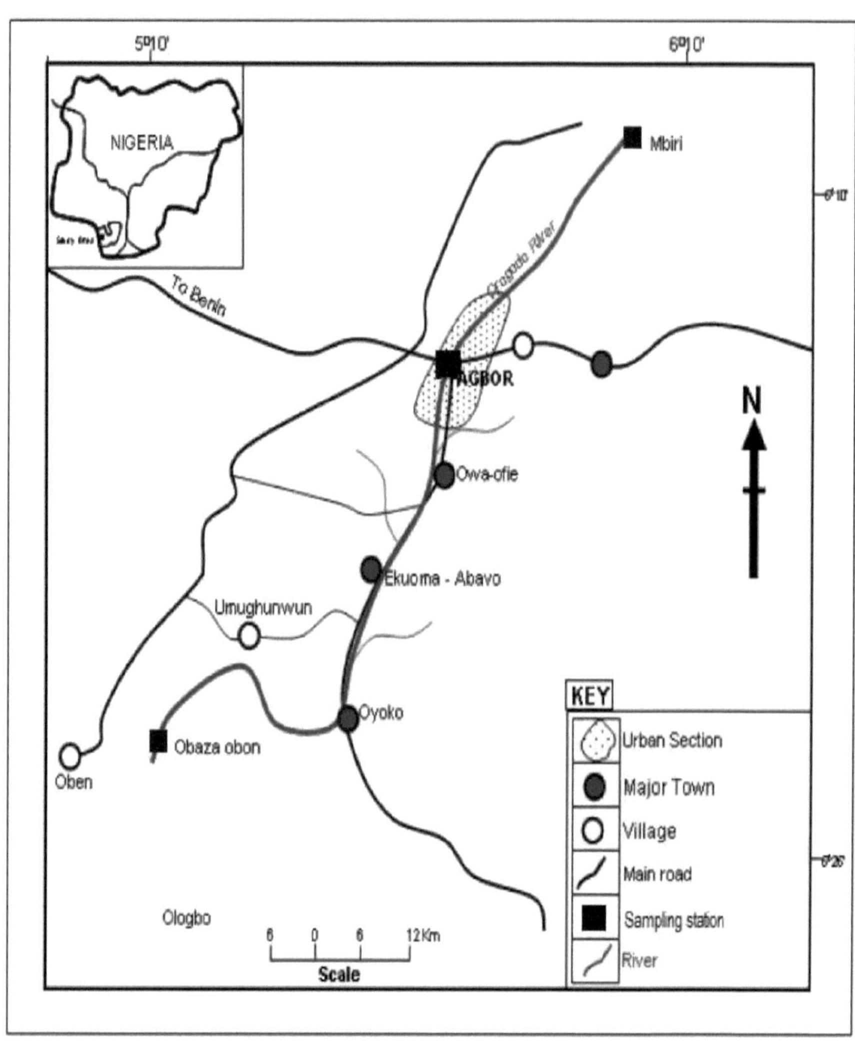

Figura 1: Mapa da área de estudo

Fonte: Mogborukor (2014)

Figura 2: Estação de amostragem 1 (Mbiri)

Figura 3: Estação de amostragem 2 (Agbor)

Figura 4: Estação de amostragem 3 (Obazagbon)

3.3 Declaração de investigação

O estudo foi realizado durante um período de 6 meses (ou seja, novembro de 2015 - dezembro de 2015, janeiro de 2016 - abril de 2016). As amostras de água e de peixe foram recolhidas uma vez por mês em três estações de amostragem, para determinar os níveis de concentração de metais pesados na água e no peixe.

3.4 Estações de amostragem

Três estações de amostragem foram estabelecidas ao longo do trecho do rio em Mbiri (6.30° N, 6.27° E) [Fig. 2], Agbor (6.25° N, 6.20° E) [Fig. 3] e Obazagbon (6.20° N, 6.40° E) [Fig. 4] com o local de estudo mais a montante na estação um (Mbiri) e o mais a jusante na estação três (Obazagbon). Os três locais foram escolhidos de modo a refletir adequadamente e capturar a poluição através dos diferentes padrões de uso da terra disponíveis na área de estudo.

3.5   Recolha de amostras

3.5.1 Recolha de amostras de peixes

As espécies de peixes foram capturadas pelos pescadores locais com redes de emalhar. Os peixes foram acondicionados em gelo e transportados para o laboratório onde foram identificados com recurso à literatura (chave) fornecida por Idodo Umeh (2003) e fotografados com uma câmara digital (8.0 Megapixels). As espécies de peixes recolhidas incluem: 3 *Brycinus intermidus* (Boulenger, 1903) (Placa 1), 8 *Clarias gariepinus* (Burchell, 1822) (Placa 2), 3 *Parachanna obscura* (Gunther, 1861) (Placa 3), 1 *Ctenopoma kingsleyae* (Peters, 1844) (Placa 4), 1 *Hemichromis bimaculatus* (Gill, 1862) (Placa 5) e 2 *Phractolaemus ansorgeii* (Boulenger, 1901) (Placa 6). O comprimento total dos peixes, o comprimento padrão, o comprimento da bifurcação e a profundidade do corpo foram medidos com uma régua métrica e o peso foi medido com uma balança eletrónica (Mettler PM 2000) (prato 7).

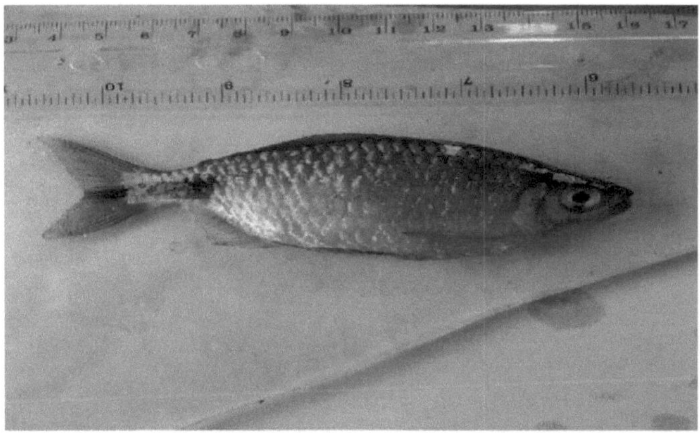

Placa 1: *Brycinus intermidus* (Boulenger, 1903)

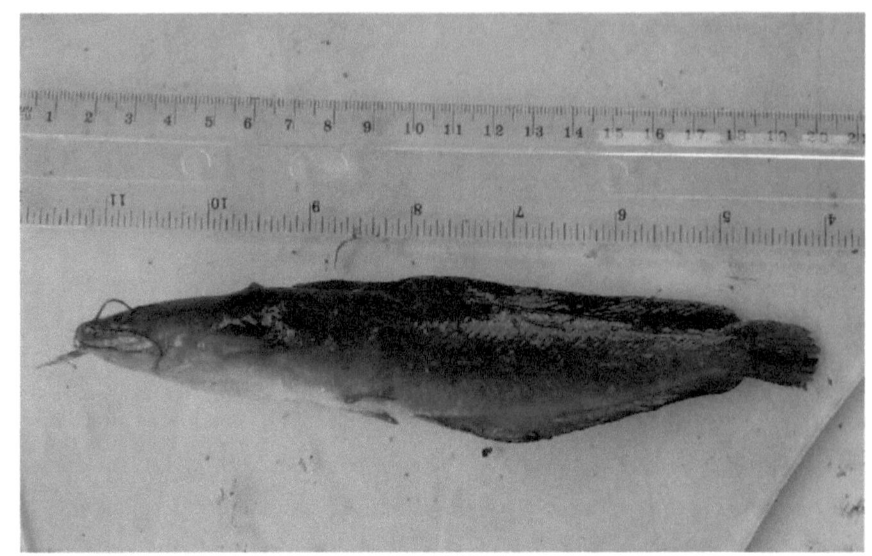

Placa 2: *Clarias gariepinus* (Burchell, 1822)

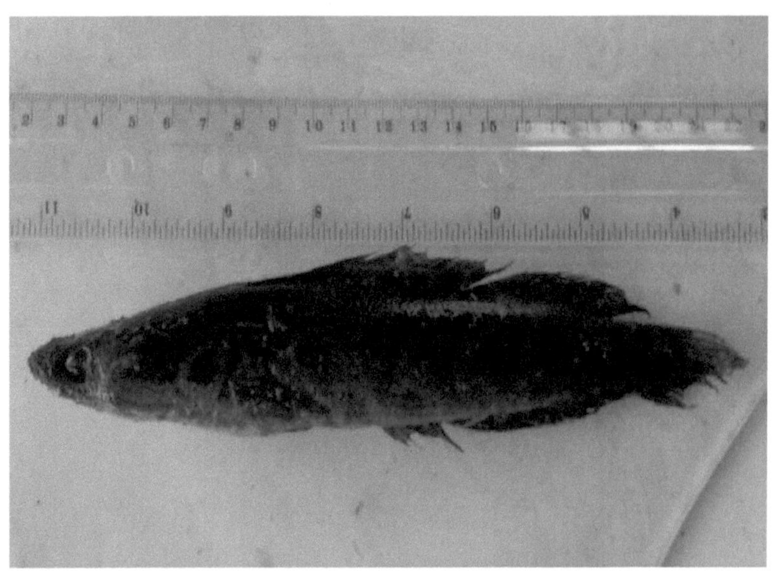

Placa 3: *Parachanna obscura* (Gunther, 1861)

Placa 4: *Ctenopoma kingsleyae* (Peters, 1844)

Placa 5: *Hemichromis bimaculatus* (Gill, 1862)

Placa 6: *Phractolaemus ansorgeii* (Boulenger, 1901)

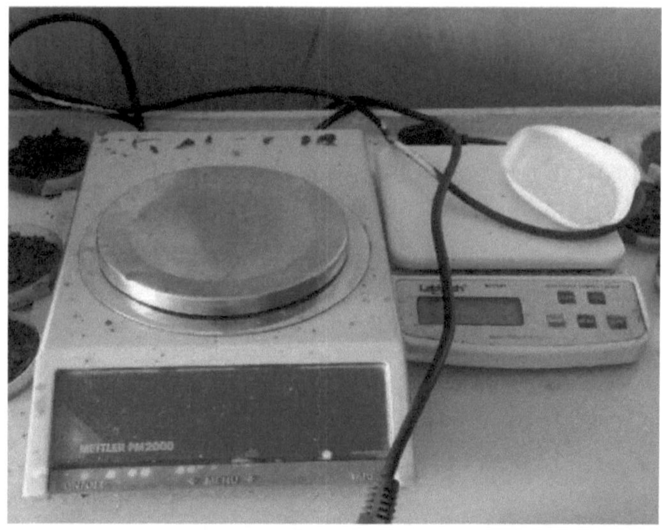

Prato 7: Balança eletrónica (Mettler PM 2000)

3.5.2 Recolha de amostras de água

As amostras de água foram recolhidas utilizando garrafas de plástico com capacidade de 1 litro e tampa de rosca a uma profundidade de 0-0,5 m em cada estação de amostragem.

Após a recolha, as amostras de água foram levadas para o laboratório numa caixa de gelo.

3.6 Preparação da amostra de peixe

As amostras de peixe foram secas numa estufa analítica (DHG-9023A) (placa 8) a uma temperatura de 75° C durante 48 horas até se obter um peso constante. Cada amostra foi triturada separadamente para homogeneidade utilizando um almofariz e pilão de porcelana e armazenada em frascos de plástico herméticos antes da digestão e análise.

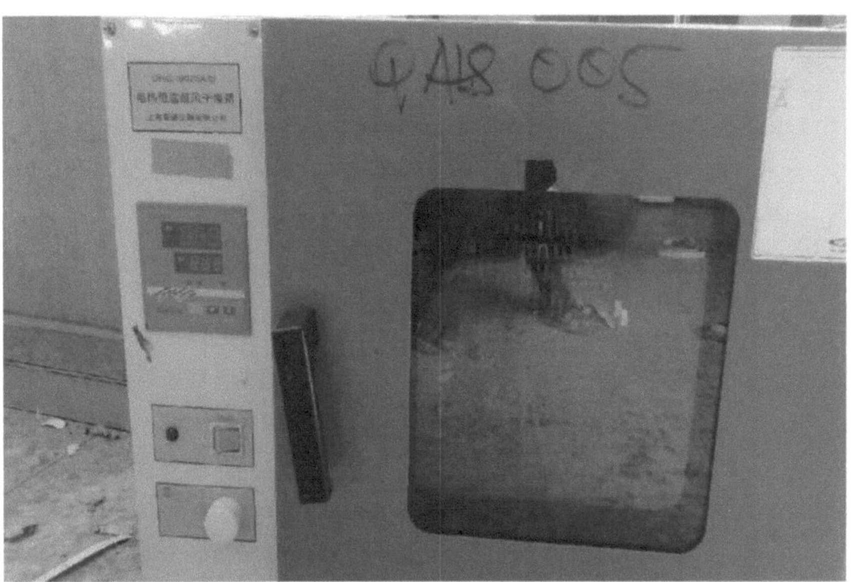

Placa 8: Forno analítico (DHG-9023A)

3.7 Análise química

3.7.1 Digestão e análise das amostras de peixe

O processo de digestão ácida utilizado tanto para a água como para o peixe é um método de digestão forte e foi escolhido para que o teor total de metais pudesse ser estimado. A amostra de água foi aspirada para uma chama e atomizada. O procedimento de análise química consistiu em duas partes:

(l) Digestão: as amostras de peixe foram secas na estufa a 75° C num forno analítico (DHG-9023A) até atingirem um peso constante. Em seguida, adicionaram-se 5 ml de ácido nítrico e 2 ml de ácido perclórico a 1 g de amostra seca na estufa. A mistura foi aquecida numa placa de aquecimento até à formação de fumos e deixada arrefecer até à temperatura ambiente.

(2) Acidificação: Foram adicionados 5 ml de ácido clorídrico a 50% à mistura da primeira digestão. A mistura acidificada foi aquecida até à ebulição e depois arrefecida à temperatura ambiente. A mistura acidificada foi filtrada e adicionou-se água destilada ao filtrado num balão volumétrico até à marca de 100 ml. As amostras de digesta de peixe e de água foram analisadas para Cu, Zn, Fe, Cd e Pb por meio de um espetrofotómetro de absorção atómica AAS (PG Instruments AA-500F series, Leicestershire, Reino Unido) equipado com software solar usando chama de acetileno de ar e também com lâmpada com comprimento de onda ultravioleta alterado em intervalos para a análise de cada metal (Greenberg *et al.*, 1980).

3.7.2 Controlo de qualidade

O controlo de qualidade foi assegurado pela utilização de brancos e padrões processuais. Em cada caso, foi testada uma concentração conhecida da solução padrão após cada 10 amostras para verificar a qualidade analítica do resultado, uma vez que não havia material de referência padrão disponível. Em todos os casos de água e peixe, foi preparado um branco de preparação/reagente para cada 20 amostras e todas as concentrações foram inferiores aos limites de deteção. Cada amostra foi analisada em triplicado para garantir a repetibilidade com um DP relativo < 5% para todos os metais analisados (Greenberg *et al.*, 1980). As concentrações de Cu, Zn, Fe, Cd e Pb foram então determinadas utilizando AAS. A concentração de metais pesados na água foi expressa em mg/l, enquanto os valores de concentração nas amostras de peixe digeridas foram expressos em mg/kg.

Placa 9: Espectrómetro de Absorção Atómica (AAS 500)

Fonte: Laboratório de Qualidade Analítica

3.8 Cálculo do quociente de bioacumulação (BQ) para metais pesados

Isto expressa a capacidade dos peixes para acumular metais pesados acima das concentrações ambientais (Adcdcji e Okocha, 2011).

$$BQ = \frac{Heavy\ metal\ concentration\ in\ fish\ (mg/kg)}{Heavy\ metal\ concentration\ in\ water\ (mg/l)}$$

Um valor BQ >1 indica a bioacumulação de um metal pesado pelos peixes.

3.9 Índice de risco máximo aceitável (MAR) para metais pesados

O índice de risco máximo aceitável (MAR) é uma representação simplificada das biomagnificações nas redes alimentares (Romijin, *et al.,* 1993; Wangboje *et al.,* 2014). É expresso pela seguinte equação:

$$\text{MAR} = \frac{\textit{Bioaccumulation Qoutient (BQ)for chemical element in fish}}{\textit{Dietary No observed effect concentration of chemical element in man}}$$

Em que: MAR>1 = Nível MAR elevado e MAR<1= Nível MAR baixo

3.10 Quociente de toxicidade/perigo (TQ) para metais pesados

O Quociente de Toxicidade/Perigo (TQ) para elementos químicos é uma comparação da concentração medida de elementos relacionados com o sítio em matrizes ecológicas com critérios específicos baseados na saúde (Hcttcmcr-Frcy *et al.*, 1995).

$$\text{HQ} = \frac{\textit{Measured concentration of chemical element in ecological matrix}}{\textit{Health based criteria}}$$

Em que: TQ>1 = Toxicidade/Perigo indicado e

TQ<1= Toxicidade/Perigo não indicado.

3.10 Estimativa da ingestão diária (EDI) de metais pesados pelo homem

A ingestão diária de metais foi calculada a fim de estimar a carga diária de metais no sistema corporal do homem através do consumo de peixe contaminado. A ingestão diária estimada (EDI) de elementos químicos pelo homem, de acordo com Wangboje *et al.* (2014), pode ser calculada da seguinte forma:

$$\text{EDI} = \frac{40\text{g/person/day} \times \text{HM (mg/kg)}}{1000\text{g/kg}}$$

Em que: 40g/pessoa/dia = Consumo estimado de produtos da pesca no Estado do Delta, Nigéria (Williams, 2013; Williams e Unyimadu, 2013)

HM = Concentração média de metais pesados nas espécies de peixes

3.11 Estimativa da ingestão anual (EAI) de metais pesados pelo homem

A ingestão anual de metais foi calculada a fim de estimar a carga anual de metais no sistema corporal do homem através do consumo de peixe contaminado. A ingestão anual estimada (EAI) de elementos químicos pelo homem pode ser calculada da seguinte forma

$$EAI = \frac{40g/person/day \times HM \; (mg/kg)}{1000g/kg} \times 365$$

Em que: 40g/pessoa/dia = Estimativa de consumo de produtos da Pesca no Estado do Delta, Nigéria (Williams, 2013; Williams e Unyimadu, 2013).

HM = Concentração média de metais pesados nas espécies de peixes

3.12 Cálculo do fator de condição para os peixes

O peso exprime a gordura, o bem-estar e a robustez relativa de um peixe. Acredita-se que um peixe mais pesado de um determinado comprimento está em melhores condições do que um peixe mais leve do mesmo comprimento (Baijot *et al.*, 1997).

$$Condition \; factor = \frac{100 \times weight \; of \; fish(g)}{Length \; of \; fish(cm)3}$$

Um valor do fator de condição superior a 1 (>1) indica que o peixe está bem condicionado.

3.13 Métodos estatísticos

Os dados gerados pelo estudo foram analisados utilizando o software informático GENSTAT (Versão 12.1 para Windows). A análise de variância de uma via (ANOVA) foi utilizada para testar diferenças significativas entre os valores médios dos metais ao nível de 5% de probabilidade. O novo teste de intervalo múltiplo de Duncan foi utilizado para separar as médias significativas.

CAPÍTULO 4

4.1 Resultados

Os resultados do estudo são apresentados na secção seguinte.

4.2 Concentrações de metais pesados na água

A concentração média de Pb na água variou de Não Detetável, 0mg/l em novembro a 0,03mg/l em janeiro, enquanto uma concentração média de Pb de 0,013mg/l foi registada para o período de estudo. A estação um registou a maior concentração de Pb na água (0,20mg/l) enquanto a menor concentração de Pb foi observada na estação três (0,008mg/l). A concentração de cádmio na água durante o estudo variou de ND, 0mg/l em novembro, dezembro e fevereiro a 0,07mg/l em janeiro, enquanto a estação três registrou a maior concentração de Pb na água (0,008mg/l). A concentração média de Cu registada durante o estudo foi mais elevada em novembro, março e abril (0,04mg/l), enquanto a menor concentração foi registada em janeiro (0,01mg/l). A concentração média de Zn na água variou de 0,04mg/l em janeiro a 0,17mg/l em dezembro, enquanto uma concentração média de 0,08mg/l foi registada durante o estudo. A estação três registou a maior concentração média de Zn (0,095mg/l) enquanto a menor concentração foi observada na estação dois (0,077mg/l). A concentração média de Fe nas estações amostradas variou entre 0,122mg/l para a estação dois e 0,195mg/l na estação três, enquanto a concentração média de 0,15 mg/l foi observada durante o estudo. Não houve diferenças significativas (P>0,05) na concentração média de Pb, Cd, Cu, Zn e Fe na água entre as estações amostradas. Foram observadas diferenças significativas (P<0,05) na concentração média de Cd, Cu e Fe na água entre os meses amostrados, enquanto não foram observadas diferenças significativas (P>0,05) na concentração média de Pb e Zn entre os meses amostrados. De um modo geral, as concentrações de Pb e Cd ultrapassaram as normas da OMS e, muito provavelmente, as normas locais relativas aos efluentes.

Tabela 1: Concentração média de metais pesados na água (mg/l) em vários meses

Months	Pb	Cd	Cu	Zn	Fe
November	0 ± 0^a	0 ± 0^a	0.04 ± 0.02^{cd}	0.08 ± 0.05^a	0.04 ± 0.02^a
December	0.02 ± 0.01^a	0 ± 0^a	0.03 ± 0.02^{bc}	0.17 ± 0.12^b	0.35 ± 0.29^b
January	0.03 ± 0.02^a	0.07 ± 0.02^{ab}	0.01 ± 0.01^a	0.04 ± 0.03^a	0.16 ± 0.09^a
February	0.01 ± 0.01^a	0 ± 0^a	0.02 ± 0.02^{ab}	0.07 ± 0.04^a	0.10 ± 0.06^a
March	0.01 ± 0.01^a	0.01 ± 0.01^b	0.04 ± 0.02^{cd}	0.06 ± 0.04^a	0.11 ± 0.08^a
April	0.01 ± 0.01^a	0.01 ± 0.01^b	0.04 ± 0.01^{cd}	0.08 ± 0.03^a	0.14 ± 0.08^a
WHO threshold	0.01	0.01	2.00	3.00	0.30
SON threshold	0.01	0.01	1.00	3.00	0.30

As médias na mesma coluna com sobrescritos semelhantes não são significativamente diferentes (P>0,05)

Tabela 2: Concentração média de metais pesados na água (mg/l) nas estações de amostragem

Stations	Pb	Cd	Cu	Zn	Fe
Mbiri	0.020 ± 0.008^a	0.003 ± 0.001^a	0.025 ± 0.018^a	0.079 ± 0.052^a	0.133 ± 0.062^a
Agbor	0.012 ± 0.009^a	0.005 ± 0.002^a	0.035 ± 0.021^a	0.077 ± 0.054^a	0.122 ± 0.014^a
Obazagbon	0.008 ± 0.004^a	0.008 ± 0.003^a	0.030 ± 0.025^a	0.095 ± 0.045^a	0.195 ± 0.101^a
WHO threshold	0.01	0.01	2.00	3.00	0.30
SON threshold	0.01	0.01	1.00	3.00	0.30

As médias na mesma coluna com sobrescritos semelhantes não são significativamente diferentes (P>0,05)

4.3 Concentrações de metais pesados em espécies de peixes

A concentração média de Pb em peixes durante o estudo variou de 0,60mg/kg em novembro a 2,68mg/kg em março (Tabela 3), enquanto uma concentração média de 1,82mg/kg foi observada durante o estudo. A concentração média de Pb nas espécies de peixes variou de 0,06mg/kg em *H. fasciatus* a 2,76mg/kg em *P. ansorgei*. A concentração média de Cd nos peixes durante o estudo variou de 0,03mg/kg em dezembro a 0,47mg/kg em janeiro, enquanto a concentração média de Cd nas espécies de peixes variou de 0,06mg/kg em *B. intermidus* a 0,615mg/kg em *P. obscura*. A concentração média de Cu nos peixes durante o estudo variou de 1,97mg/kg em novembro a 10,57mg/kg em abril, enquanto a concentração média de 6,71mg/kg foi registada durante o estudo. A concentração média de Cu nas espécies de peixes variou de 1,34mg/kg em *C. kingsleyea* a 10,07mg/kg em *P. ansorgei*. A concentração média de Fe em peixes durante o estudo variou de 3,5mg/kg em novembro a 286,1mg/kg em dezembro, enquanto uma concentração média de 129,72mg/kg foi observada durante o estudo (Tabela 3). A concentração média de Fe nas espécies de peixes variou de 5,70mg/kg em *C. kingsleyea* a 274,15mg/kg em *P. ansorgei*. A concentração média de Zn em peixes durante o estudo variou de 22,96mg/kg em fevereiro a 82,30mg/kg em janeiro, enquanto a concentração média de 61,62mg/kg foi registada para o estudo. A concentração média de Zn nas espécies de peixes variou de 14,08mg/kg em *H. bimaculatus* a 91,62mg/kg em *P. obscura*. Não foi observada diferença significativa (P>0,05) na concentração média de Cd em todas as espécies de peixes amostradas entre os meses. Foram observadas diferenças significativas (P<0,05) na concentração média de Pb, Cd, Cu, Zn e Fe em todas as espécies de peixes capturadas durante o estudo. Foram observadas diferenças significativas (P<0,05) na concentração média de Cd, Cu, Zn e Fe entre os meses, enquanto que não foram registadas diferenças significativas (P>0,05) na concentração média de Pb entre os meses.

O Pb, o Zn e o Fe ultrapassaram os limiares da FAO ao nível dos tecidos e, muito provavelmente, os limiares locais, o que é mais significativo para a saúde humana.

Tabela 3: Concentração média de metais pesados (mg/kg) nos peixes em vários meses

Months	Metal concentration				
	Pb	Cd	Cu	Zn	Fe
November	0.60±0.47[a]	0.18±0.10[a]	1.97±1.33[a]	48.97±22.12[ab]	3.5±1.2[a]
December	2.31±1.98[a]	0.03±0.01[a]	3.73±2.98[ab]	70.34±35.21[b]	286.1±123.2[d]
January	2.40±2.13[ab]	0.47±0.38[a]	6.56±4.32[abc]	82.30±54.32[b]	100.3±89.1[abc]
February	0.71±0.58[a]	0.12±0.15[a]	6.86±3.25[bc]	22.96±15.41[a]	22.0±12.8[ab]
March	2.68±1.97[b]	0.26±0.22[a]	10.56±4.67[c]	73.06±34.67[b]	179.6±119.3[bcd]
April	2.21±2.01[ab]	0.25±0.19[a]	10.57±3.27[c]	72.06±43.21[b]	186.8±101.8[cd]
Standard error of mean (SEM)	0.743	0.2678	2.039	19.35	68.2
FAO threshold	0.5	0.5	30	30	100

As médias na mesma coluna com sobrescritos semelhantes não são significativamente diferentes (P>0,05)

36

Tabela 4: Concentração média de metais pesados (mg/kg) nas espécies de peixes

Fish species	Metal concentration				
	Pb	**Cd**	**Cu**	**Zn**	**Fe**
Clarias gariepinus	1.87±0.54[ab]	0.195±0.0.071[a]	7.97±3.42[de]	52.61±32.13[b]	125.03±78.92[ab]
Brycinus intermidus	0.57±0.23[a]	0.060±0.010[a]	4.00±1.85[b]	77.08±34.10[c]	60.20±26.51[a]
Parachanna obscura	2.60±1.23[b]	0.615±0.235[b]	6.97±2.34[cd]	91.62±54.21[c]	187.90±89.59[bc]
Phractolemus ansorgei	2.76±1.76[b]	0.100±0.081[a]	10.07±6.78[e]	71.09±44.32[bc]	274.15±67.87[c]
Ctenopoma kingsleyea	0.29±0.11[a]	0.230±0.120[a]	1.34±0.89[a]	28.30±12.35[a]	5.70±2.31[a]
Hemichromis bimaculatus	0.06±0.02[a]	0.150±0.090[a]	5.11±3.21[bc]	14.08±6.87[a]	11.0±4.53[a]
FAO threshold	0.5	0.5	30	30	100

As médias na mesma coluna com sobrescritos semelhantes não são significativamente diferentes a um nível de significância de 5%.

Tabela 5: Concentração média de metais pesados (mg/kg) em peixes em várias estações de amostragem

Stations	Metal concentration				
	Pb	Cd	Cu	Zn	Fe
Mbiri	0.903 ± 0.210^a	0.123 ± 0.067^a	$4.322 \pm 2,154^a$	35.08 ± 17.89^a	65.7 ± 34.67^a
Agbor	2.447 ± 1.253^b	0.138 ± 0.098^a	7.485 ± 3.212^{ab}	68.47 ± 21.72^b	180.6 ± 76.5^b
Obazagbon	2.105 ± 1.105^b	0.395 ± 0.123^a	8.320 ± 2.431^b	81.30 ± 32.56^b	142.9 ± 98.5^{ab}
FAO threshold	0.5	0.5	30	30	100

As médias na mesma coluna com sobrescritos semelhantes não são significativamente diferentes (P>0,05)

4.3 Quociente de bioacumulação (BQ) para metais pesados

Os valores de BQ variaram entre 4,51 para o Pb em *H. bimaculatus* e 1297,13 para o Fe em *P. ansorgei*.

Quadro 6: Quociente de bioacumulação (BQ) em espécies de peixes

Fish species	Pb	Cd	Cu	Zn	Fe
C. gariepinus	140.60	34.82	265.67	630.82	833.33
B. intermidus	42.57	10.71	133.33	924.22	401.33
P. obscura	195.49	109.82	232.33	1098.56	1252.67
P. ansorgei	207.52	17.86	334.67	852.40	1297.13
C. kingsleyea	21.80	47.06	44.67	339.33	38.00
H. bimaculatus	4.51	26.79	170.33	188.82	73.33

Um valor de BQ superior a 1 (>1) indica a bioacumulação de um metal pesado pelos peixes.

4.4 Índice de risco máximo aceitável (MAR) para metais pesados

Os valores do índice MAR variaram entre 0,38 para o Fe em *C. kingsleyea* e 415,04 para o Pb em *Hemichromis bimaculatus* (Quadro 7).

Quadro 7: Valores do índice de risco máximo aceitável para metais pesados em peixes

Fish species	Pb	Cd	Cu	Zn	Fe
Clarias gariepinus	281.2	69.64	8.86	21.03	8.33
Brycinus intermidus	85.14	21.42	4.44	30.81	4.01
Parachanna obscura	390.98	219.64	7.74	36.61	12.53
Phractolemus ansorgei	415.04	35.72	11.16	26.80	12.97
Ctenopoma kingsleyea	43.60	94.12	1.49	11.31	0.38
Hemichromis bimaculatus	9.02	53.58	5.68	5.63	0.73

4.5   Quociente de toxicidade/perigo (TQ) para metais pesados

Os valores de TQ variaram de 0,04 para Cu em *C. kingsleyea* a 5,52 para Pb em *P. ansorgei* (Tabela 8).

Quadro 8: Valores do quociente de toxicidade (TQ) para metais pesados em peixes

Fish species	Pb	Cd	Cu	Zn	Fe
Clarias gariepinus	3.74*	0.39	0.26	1.75*	1.25*
Brycinus intermidus	1.14*	0.12	0.13	2.57*	0.60
Parachanna obscura	5.20*	1.23*	0.23	3.05*	1.88*
Phractolemus ansorgei	5.52*	0.20	0.23	2.24*	2.74*
Ctenopoma kingsleyea	0.56	0.46	0.04	0.94	0.06
Hemichromis bimaculatus	0.12	0.30	0.17	0.47	0.41

* Valores críticos (>1)

4.6   Estimativa da ingestão diária (EDI) de metais pesados pelo homem

Os valores de EDI em mg/pessoa/dia variaram entre 0,009 para o Cd e 5,189 para o Fe (Figura 5).

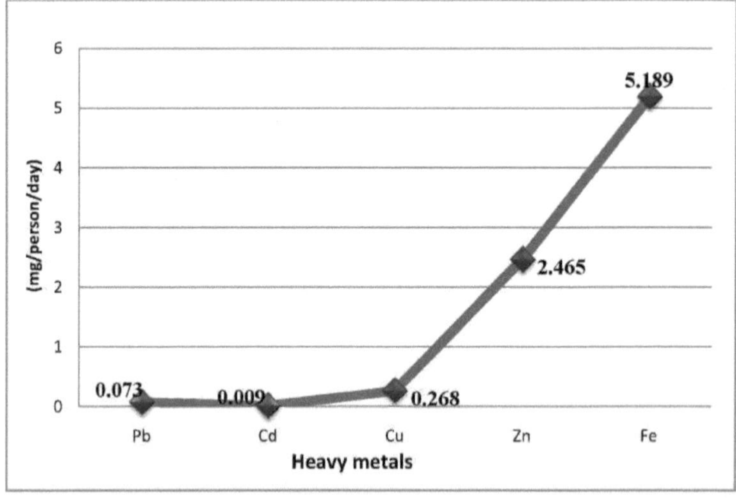

Figura 5: Valores de ingestão diária estimada (EDI) para metais pesados

4.7 Estimativa da ingestão anual (EAI) de metais pesados pelo homem

Os valores de EDI em mg/pessoa/dia variaram entre 3,20 para o **Cd** e 1893,99 para o Fe
(Figura 6).

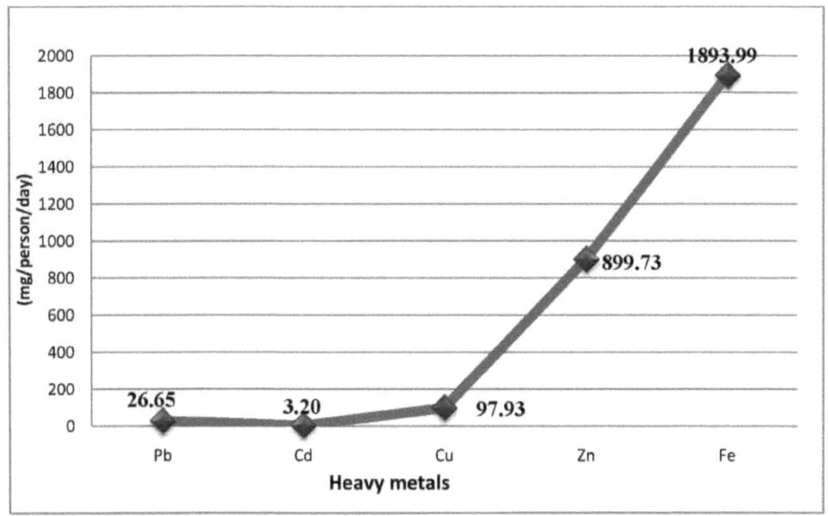

Figura 6: Estimativa dos valores de ingestão anual (EAI) para metais pesados.

4.8 Cálculo do fator de condição para os peixes

Como mostra o quadro 9, o fator de condição das espécies de peixes variou entre 0,90 em
C. kingsleyea e 4,43 em *B. intermidus*.

Quadro 9: Fator de condição para várias espécies de peixes

Fish species	Mean Weight (g)	Mean Total length (cm)	Condition Factor
C. gariepinus	85.78 ± 24.83	18.16 ± 5.31	1.43*
B. intermidus	56.35 ± 12.27	10.83 ± 1.99	4.43*
P. obscura	83.74 ± 9.88	21.07 ± 4.92	0.90
P. ansorgei	95.75 ± 7.92	18.20 ± 1.41	1.59*
C. kingsleyea	90.1 ± 0.00	17.50 ± 0.00	1.57*
H. bimaculatus	25.02 ± 0.00	9.00 ± 0.00	3.43*

Um valor do fator de condição superior (>1) indica que o peixe está bem condicionado.

CAPÍTULO 5

5.1 DISCUSSÃO

A partir dos resultados obtidos, verificou-se a presença de Pb, Cd, Cu, Zn e Fe na água e nos peixes do rio Orogodo. A existência de metais pesados em ambientes aquáticos tem suscitado sérias preocupações quanto à sua influência na vida vegetal e animal. As massas de água naturais podem estar amplamente contaminadas com vários metais pesados libertados por efluentes domésticos e industriais, imersão em ídolos, drenagem de esgotos, despejo de resíduos hospitalares e outros, entre outros (Malik *et al.*, 2010; Laxmi *et al.*, 2011). A poluição por metais pesados no ecossistema aquático está a crescer a um ritmo alarmante e tornou-se um problema importante em muitos países do mundo. Os organismos nacionais e internacionais competentes, incluindo a Organização Mundial de Saúde, OMS (2006), a Organização das Nações Unidas para a Alimentação e a Agricultura, FAO, (2008) e a Organização Normalizada da Nigéria, SON, (2007), prescreveram valores máximos de referência para estes metais pesados, tanto na água potável como nos peixes destinados à alimentação.

5.1 Metais pesados na água

A concentração média de Pb foi mais elevada em Mbiri em comparação com as outras estações; no entanto, a concentração média observada nesta estação não foi significativamente mais elevada (P>0,05) do que a observada nas outras duas estações. A concentração mais elevada de Pb em Mbiri (local um), que se situa a montante do rio Orogodo, pode ter sido devida às numerosas actividades antropogénicas que ocorrem nesta frente de água (lavagem de carros e motas de água). O efluente de lavagem é tóxico e tem impacto em locais a jusante (Danha *et al.*, 2014), embora tenha recebido pouca atenção em estudos de poluição na Nigéria. Observámos concentrações relativamente mais elevadas de Cd, Zn e Fe na água amostrada no local 3, Obazagbon.

Este local é o ponto a jusante mais baixo deste estudo, pelo que tende a recolher os efluentes de esgotos libertados pelas actividades a montante. Além disso, existe um canal de esgotos imediatamente a céu aberto que descarrega perto do local, o que pode explicar as elevadas concentrações de Cd, Fe e Zn registadas. A descarga de resíduos de mercado a céu aberto é frequente neste local, pelo que os lixiviados carregados de metais podem estar a enriquecer as concentrações de Cd, Zn e Pb. Verificou-se uma variação temporal significativa nas concentrações de Cd, Cu, Fe, Pb e Zn, com concentrações marcadamente mais elevadas observadas nos meses secos de novembro, dezembro, janeiro, fevereiro e março. Este facto pode ter sido devido à redução do volume de água devido a temperaturas mais elevadas e ao aumento da evaporação durante a estação seca (Wetzel, 2001). Registaram-se diferenças espaciais significativas nas concentrações de metais na água, independentemente da estação do ano. Isto é atribuível a diferentes actividades antropogénicas espaciais, e fundos geogénicos dos três locais. Tal que qualquer programa de reparação de poluição de metal e reabilitação de habitat deve considerar a hidrodinâmica específica do local, morfometria e hidráulica (Utete *et al.*, 2017). Neste estudo, observou-se que a concentração de Zn, Cu e Fe in água foram inferiores ao limite máximo recomendado enquanto o nível de Pb e Cd foi superior aos valores recomendados pela Organização Padrão da Nigéria, SON (2007) e Organização Mundial de Saúde, OMS, (2006). Os elementos Pb e Cd são mais tóxicos e persistentes, pelo que os nossos resultados apontam para a necessidade de uma correção urgente para minimizar os seus efeitos e riscos para a saúde humana no rio Orogodo. Embora as concentrações dos oligoelementos Zn, Cu e Fe sejam inferiores aos limiares da OMS, é prudente instituir uma ação de monitorização a longo prazo, uma vez que são tóxicos a níveis elevados (Sparks e Mullins, 2017).

5.2 Metais pesados em peixes

Os animais aquáticos (incluindo os peixes) bioacumulam metais vestigiais em quantidades consideráveis e armazenam-nos durante um longo período de tempo nos ossos, no fígado e nas guelras, em resultado dos seus diferentes papéis fisiológicos (Fredrik *et al.*, 2014). A elevada acumulação de metais pesados nestes componentes pode resultar em alterações ecológicas graves. Um dos resultados mais graves da persistência destes metais é a sua amplificação biológica na cadeia alimentar. Neste estudo, os níveis médios de Cd, Fe, Pb e Zn nos peixes foram mais elevados durante os meses da estação seca (novembro, dezembro, janeiro, fevereiro e março) em comparação com o mês da estação chuvosa (abril). Uma tendência semelhante foi também observada por Obasohan e Eguavoen (2008) em

Erpetoichthys calabaricus obtidos no rio Ogba, Estado de Edo. Atribuíram esta tendência ao aumento da evaporação durante a estação seca. A taxa de bioacumulação de metais pesados em organismos aquáticos depende da capacidade dos organismos para metabolizar os metais e da concentração desses metais no rio. A bioacumulação de metais pesados varia consoante a espécie, a idade, o sexo e os órgãos. Em geral, os tecidos-alvo dos metais pesados são os tecidos metabolicamente activos que acumulam níveis elevados de metais nos peixes, como o fígado e as guelras, ao passo que os músculos, onde a atividade metabólica é relativamente baixa, acumulam menos metais pesados (Alaa *et al.*, 2015). Neste estudo, registou-se um nível mais elevado de Pb e Cu em *P. ansorgei em* comparação com outras espécies de peixes, enquanto *P. obscura* tinha uma concentração mais elevada de Cd, Zn e Fe em comparação com outras espécies de peixes. Observou-se que a concentração de Pb, Cd, Zn e Fe nos peixes obtidos durante o estudo era superior aos valores recomendados pela Organização das Nações Unidas para a Alimentação e a Agricultura, FAO (2008) e OMS (2008), enquanto a concentração de Cu era inferior aos valores recomendados pelos organismos supracitados (FAO e OMS).

5.3   Quociente de bioacumulação (BQ)

O quociente de bioacumulação (BQ) de metais pesados foi descrito como um processo de equilíbrio que inclui a aquisição e a perda de metais pesados entre um organismo e a água circundante (Obasohan e Oronsanye, 2004). O Quociente de Bioacumulação dos metais em todas as espécies investigadas foi superior a 1, indicando assim que houve bioacumulação de todos os metais neste estudo, no entanto, o valor mais elevado de BQ foi observado para o Fe em *P. ansorgei*. A alta BQ observada no Fe pode ter sido devida à alta concentração observada na água. Akeushi *et al.* (2003) afirmaram que a concentração de metais pesados na fauna aquática é frequentemente proporcional aos níveis no ambiente aquático em que a fauna reside. As variações no valor de BQ observadas nas espécies de peixe podem ter resultado de variações nos hábitos alimentares ou na idade das espécies de peixe. Romeo *et al.* (1999) observaram uma concentração mais baixa de metais pesados nos peixes pelágicos do que nos peixes bentónicos. No entanto, o BQ para Cu, Zn e Pb registado neste estudo foi superior aos valores observados por Wangboje *et al.* (2014) para Cu (1,06), Zn (50,13) e Pb (1,55) em *Crossostrea gasar*.

5.4 Risco máximo aceitável (MAR)

Os valores MAR variaram entre 0,89 para o Fe em *C. kingsleyea* e 415,04 para o Pb em *H. bimaculatus*. A implicação desta descoberta é que o Pb tem a maior tendência para se bio-magnificar no homem, assumindo que *H. bimaculatus* foi consumido. O elevado valor MAR de Pb está em consonância com um estudo realizado por Wangboje *et al.* (2014), foram registados valores MAR elevados para Zn, Ni e Pb na ostra do mangal (*Crassostrea gasar*) de Gulubo Creek no Delta do Níger.

5.5 Quociente de toxicidade (TQ)

O valor do Quociente de Toxicidade/Perigo variou entre 0,04 para o Cu em *C. kingsleyea* e 5,52 para o Pb em *P. ansorgei* (Quadro 8). Os valores do Quociente de Toxicidade/Perigo (HQ) calculados para os metais pesados indicaram que o Cu era inferior a 1, o que indica que, atualmente, não existem riscos de toxicidade/perigo associados ao metal. Os valores elevados observados para Zn, Cd, Pb e Fe são uma indicação de que existe um risco de toxicidade/perigo associado a estes metais pesados.

5.6 Fator de condição (FC)

O estudo indicou que *B. intermidus* foi o peixe mais condicionado enquanto *P. ansorgei* foi o menos condicionado. Os factores responsáveis por esta variação podem incluir a disponibilidade de comida adequada para os peixes e as condições de qualidade da água, como corroborado por Baijot *et al.* (1997). A aplicação do fator de condição neste estudo foi justificada a fim de avaliar o bem-estar geral das espécies de peixes investigadas, especialmente à luz da contaminação antropogénica por metais pesados que podem alterar a química do meio aquático em que os peixes prosperam (Wangboje e Ikhuabe, 2015).

Tabela 10: Valores-guia da OMS para substâncias químicas de importância para a saúde na água potável

Chemical	Guideline value (mg/L)
Al	0.2
Sb	0.02
Ar	0.01
Ba	0.7
Cd	0.003
Cr	0.05
Cu	2
Pb	0.01
Mn	0.4
Hg	0.006
Mo	0.07
Ni	0.07
Zn	-
Se	0.01

Fonte: Organização Mundial de Saúde, (2006)

Tabela 11: Standard Organization of Nigeria, SON, Norma para a água potável na Nigéria

Heavy metals	Maximum permitted levels (mg/L)	Effects on man
Al	0.2	Potential neuro-degenerative disorders
Cd	0.01	Toxic to the kidney
Cr	0.05	Cancer
Cu	1	Gastrointestinal disorder
Fe	0.3	None
Pb	0.01	Cancer; interference with vitamin D metabolism; affects mental development in infants; toxic to the central and peripheral nervous systems
Hg	0.001	Affects the kidney and central nervous system
Ni	0.02	Possibly carcinogenic
Zn	3	None

Fonte: Organização de Normalização da Nigéria, (2007)

CAPÍTULO 6

5.2 CONCLUSÃO E RECOMENDAÇÕES

6.1 Conclusão

O estudo examinou a concentração de alguns metais pesados (Pb, Cd, Zn, Cu e Fe) na água e nos peixes do rio Orogodo. O estudo mostrou que a concentração de Cd, Zn, Cu e Fe na água era inferior ao limite recomendado pela Organização Normativa da Nigéria (SON, 2007) e pela Organização Mundial de Saúde (OMS, 2006), enquanto a concentração de Pb era superior aos valores recomendados pela Organização Normativa da Nigéria (SON, 2007) e pela Organização Mundial de Saúde (OMS, 2006). Além disso, as concentrações de Pb, Cd, Zn e Fe no peixe foram superiores aos valores recomendados pela Organização das Nações Unidas para a Alimentação e a Agricultura (FAO, 2006) e pela OMS (2011), enquanto a concentração de Cu foi inferior aos valores recomendados pelos organismos supracitados. Os resultados do estudo também revelaram que os valores do Quociente de Toxicidade de Pb, Cd, Zn e Fe foram superiores a 1 (>1), indicando que o risco para a saúde associado a estes metais pode aumentar quando estes peixes são consumidos pelo homem. *B. intermidus* foi o mais condicionado em comparação com outras espécies de peixes capturados no rio.

6.2 Recomendações

Os desafios que o rio Orogodo enfrenta atualmente não são peculiares apenas a esta massa de água, uma vez que praticamente todas as massas de água do Estado enfrentam atualmente estes desafios em vários pontos ao longo do comprimento do rio. Por conseguinte, é necessário implementar projectos ou programas que ajudem a verificar e controlar estes riscos ambientais a curto e a longo prazo.

Estas medidas de controlo incluem:

1. Deve ser incentivado o tratamento e a canalização das águas residuais das drenagens para as terras agrícolas para fins de irrigação.
2. Realização de uma campanha de sensibilização maciça sobre os riscos ambientais da eliminação incorrecta de resíduos através dos vários meios de comunicação social. Isto ajudará a esclarecer o público sobre o seu papel individual no que respeita à produção

e aos constituintes das águas residuais.

3. O matadouro deve adotar meios mais eficientes de eliminação dos resíduos.

4. Deveria haver um controlo da lavagem de bicicletas, veículos motorizados e outros automóveis na frente de água.

5. O Ministério do Ambiente e outros organismos de controlo ambiental deveriam efetuar uma monitorização periódica desta massa de água para determinar o seu perfil de metais pesados.

REFERÊNCIAS

Ada, F. B., Ekpenyong, E. e Bayim, P. B. (2012). Concentração de metais pesados em alguns peixes (*Chrysichthys nigrodigitatus, Clarias gariepinus* e *Oreochromis niloticus*) no Grande Rio Kwa, Estado de Cross River, Nigéria. *Global Advanced Research Journal of Environmental Science and Toxicology* 1(7): 183-189.

Adedeji, O. B. e Okocha, R. C. (2011). Avaliação do nível de metais pesados no camarão *(Macrobrachium macrobrachium)* e na água da Lagoa de Epe. *Avanços em Biologia Ambiental* 5(6):*1342 -1345.*

Adekola F. A. e O. A. A. Eletta (2007). Um estudo da poluição por metais pesados do rio Asa, Ilorin. Nigéria; monitorização e geoquímica de metais vestigiais. *Environ Monit Assess* 125:157-163.

Akan, J. C., F. I. Abdulrahman, O. A. Sodipo, A. E. Ochanya1 e Y. K. Askira (2010). Heavy metals in sediments from River Ngada, Maiduguri Metropolis, Borno State, Nigeria. *Jornal de Química Ambiental e Ecotoxicologia* 2(9): 131-140.

Akoto Osei e Abankwa Ernest (2014). Contaminação e especiação de metais pesados em sedimentos do reservatório de Owabi. *Revista Internacional de Ciência e Tecnologia* 3(4): 215-221.

Akpor Oghenerobor Benjamin, Gladys Onolunose Ohiobor e Tomilola Debby Olaolu (2014). Poluentes de metais pesados em efluentes de águas residuais: Fontes, efeitos e remediação. *Avanços em Biociência e Bioengenharia* 2(4): 37-43.

Akueshi EU, Oriegie E, Ocheakiti N, Okunsebor (2003). Níveis de alguns metais pesados em peixes de lagos mineiros no pleateau de Jos, Nigéria. *Afr. J. Nat. Sci.*, 6: 82-86.

Alaa M. Younis, Hesham F. Amin, Ali Alkaladi, Yahia Y. I. Mosleh. (2015). Bioacumulação de metais pesados em peixes, lulas e crustáceos do Mar Vermelho, Costa de Jeddah, Arábia Saudita. *Open Journal of Marine Science*, 5:369-378.

Analytical Research Laboratories (2016, 14 de maio). Toxicidade do ferro. Recuperado de: http://www.arltma.com/Articles/IronToxDoc.htm.

Anim, A. K., Ahialey E. K., Duodu G. O., Ackah M. e Bentil N. O. (2011). Perfil de acumulação de metais pesados em amostras de peixe de Nsawam, ao longo do rio Densu, Gana. *Res. J. Envirn. Ear. Sci.*, 3: 56-60.

Annabi, A., K. Said e I. Messaoudi (2013). Cádmio: Bioacumulação, histopatologia e mecanismos de desintoxicação em peixes. *Am. J. Res. Commun.* 1: 60-79.

Arise, R. O., Osioma, E. e Akanji M. A. (2013). Avaliação dos parâmetros de qualidade da água dos pântanos em torno da estação de fluxo de petróleo Kokori-Erhoike no estado do Delta, Nigéria. *Pelagia Research Library*, 4(1):155-161.

Avwunudiogba A. (2000). Uma análise comparativa das perdas de solo e nutrientes na planta do milho com diferentes práticas de lavoura na bacia do rio Ikpoba do sudoeste da Nigéria. *Nigerian Geographic Journal, New Series,*3(4):199-208.

Baijot, E., Moreau, J. e Bouda, S., (1997). *Aspectos hidrobiológicos da pesca em pequenas albufeiras na região do Sahel.* CTC, Waginengen, Países Baixos. 264pp.

Barakat, A., M. El Baghdadi, J. Rais e S. Nadem (2012). Avaliação de metais pesados em sedimentos superficiais do rio Day na região de Beni-Mellal, Marrocos. *Revista de Investigação em Ciências do Ambiente e da Terra* 4(8): 797-806.

Brooks, S. J., Bolam T., Tolhurst L., Bassett J., Roche J. L., Waldock M., Barry J., Thomas K. V. (2007). Efeitos do carbono orgânico dissolvido na toxicidade do cobre para os embriões em desenvolvimento da ostra do Pacífico (*Crassostrea gigas*). *Environ Toxicol Chem* 26(8):1756- 1763.

Canli, M. A., Kalay, O. M. (1998). Níveis de metais pesados (Cd, Pb, Cu e Ni) nos tecidos de *Cyprinus carpio, Barbus capito* e *Chondrostoma regium* do rio Seyhan. *Turkish Journal of Zoology*, pp: 149- 157.

Chandra Sekhar K., Chary N. S., Kamal C. T., Suman Raj D. S. e Srinivas Rao A. (2004). Estudos fraccionais e bioacumulação de metais pesados ligados a sedimentos no lago Kolleru por peixes comestíveis. *Environ. Int.* 29(7):1001-1008

Departamento de Ciência Animal da Universidade de Cornell (2016). Toxicidade do ferro, o que você não sabe. Recuperado de: http://poisonousplants.ansci.cornell.edu/toxicagents/iron.html em 14 de maio de 2016.

Dangre, A. J., S. Manning e M. Brouwer, (2010). Efeitos do cádmio na expressão de hemoglobina e eritropoietina induzida por hipoxia em larvas de *Cyprinodon variegates*. *Aquatic Toxicol*, 99(2): 168-175.

Danha C, Utete B, Soropa G, Rufasha SB. (2014). Impacto potencial do efluente da baía de lavagem na qualidade da água de um rio subtropical. *Jornal de Recursos Hídricos e Proteção*, 6:10451050.

Eisler, R. (1998). Copper hazards to fish, wildlife, and invertebrates: a synoptic review (Riscos do cobre para peixes, vida selvagem e invertebrados: uma revisão sinóptica). U.S. Geological Survey, Biological Resources Division, Biological Science Report USGS/BRD/BSR--1997-0002. 98 pp.

Enuneku, A., Ezemonye, L. I., Adibeli, F. (2013). Concentrações de metais pesados em águas superficiais e bioacumulação em peixes (*Clarias gariepinus*) do rio Owan, estado de Edo, Nigéria. *Revista Internacional Europeia de Ciência e Tecnologia* 2(7): 358-365.

Ezeonyejiaku, C. D., M. O. Obiakor e C. O. Ezenwelu (2011). Toxicidade do Sulfato de Cobre e Resposta Locomotora Comportamental das Espécies de Tilápia (*Oreochromis niloticus*) e Peixe-Gato (*Clarias gariepinus*). *Jornal Online de Investigação Animal e Alimentar* 1(4): 130134.

Farkas, A., Salanki, J. e Varanka, I. (2000) Heavy metal concentrations in fish of Lake Balaton, lakes and reservoirs. *Investigação e Gestão* 5(4): 271-279.

Organização das Nações Unidas para a Alimentação e a Agricultura, FAO, (2008). *Compilation of Legal Limits for Hazardous Substances in Fish and Fishery Products,* " FAO Fisheries Circular No. 464, pp. 5-100.

Frances Solomon (2008). Impactos dos metais nos ecossistemas aquáticos e na saúde humana Impactos dos metais nos ecossistemas aquáticos e na saúde humana. Pp 14-19.

Frances Solomon (2009). Impactos do cobre nos ecossistemas aquáticos e na saúde humana. Pp 25-28.

Fredrick, Asante, Etornyo Agbeko, Georgina Addae e Albert K. Quainoo (2014). Bioacumulação de metais pesados na água, sedimentos e tecidos de alguns peixes seleccionados do Red Volta, Nangodi na Região do Alto Oriente do Gana. *British Journal of Applied Science & Technology* 4(4): 594-603.

Ghorade, I. B. (2013). *Avaliação da ecossustentabilidade da água do rio Godavari para utilização sustentável.* Tese de doutoramento, Universidade Dr. B.A.M., Aurangabad.

Greenberg A.E., Connors J.J. e Jenkins D. (1980). Standard methods for the examination of water and wastewater (15th edn). Washington, DC: Associação Americana de Saúde Pública.

Gulfaraz, M., Almad, T. e Afzai, H. (2001). Níveis de concentração de metais pesados e vestigiais em peixes e águas relevantes de Rawal e Mangla. *Jornal de Ciências Biológicas* 1: 414 - 420.

Hanaa, H. Haddad (2012). O efeito da acumulação de metais pesados cádmio, crómio e ferro nos olhos humanos. *American Journal of Analytical Chemistry* 3: 710-713.

Healey, N. (2009). Lead toxicity, vulnerable subpopulations and emergency preparedness (Toxicidade do chumbo, subpopulações vulneráveis e preparação para emergências). *Rad. Prot. Dosim.* 134:143-151.

Hettemer-Frey, H. A., Quinlan R. E. e G. R. Krieger (1995). Estudo de caso de avaliação de risco ecológico: Impactos para receptores aquáticos num antigo local de superfundo de mineração de metais. *Risk Analysis* 15:253-265.

Hui Hu, Qian Jin e Philip Kavan (2014). Um estudo sobre a poluição por metais pesados na China: situação atual, políticas de controlo da poluição e medidas de combate. *Sustentabilidade* 6: 5821-5838.

Iqbal, E. e Munir H. Shah (2014). Ocorrência, avaliação de risco e repartição de fontes de metais pesados em sedimentos de superfície do lago Khanpur, Paquistão Jave. *Journal of Analytical Science and Technology* 5(28): 2-12.

Issa, B.R., F.O. Arimoro, M. Ibrahim G.J. Birma e E.A. Fadairo (2011). Avaliação da Contaminação de Sedimentos por Metais Pesados no Rio Orogodo (Agbor, Estado do Delta, Nigéria). *Ambiente Mundial Atual* 6(1) 29-38.

Jeje, J. O. e Oladepo, K. T. (2014). Avaliação de metais pesados em furos e poços escavados à mão na Área de Governo Local de Ife North do Estado de Osun, Nigéria. *InternationalJournalof Science and Technology*, 3(4): 209-214.

Jimoh, A. A., Adebayo G. B., Otun K. O., Ajiboye A. T., Bale A. T., Jamiu W. e Alao F. O. (2015). Estudo de sorção de Cd (II) de solução aquosa usando carvão ativado preparado a partir de *Vitellaria paradoxa* Shell. *J. Bioremed. Biodeg* 6(3): 1-3.

Kalay, M. e Canli, M. (2000). Eliminação de metais essenciais (Cu, Zn) e não essenciais (Cd, Pb) do tecido de um peixe de água doce *Tilapia zillii* seguindo um protocolo de absorção. *Turkish Journal of Zoology* 24: 429-436.

Kamran Sardar, Shafaqat Ali, Samra Hameed, Sana Afzal, Samar Fatima, Muhammad Bilal Shakoor, Saima Aslam Bharwana e Hafiz Muhammad Tauqeer (2013). Contaminação por metais pesados e quais são os impactos nos organismos vivos. *Greener Journal of Environmental Management and Public Safety* 2(4): 172-179.

Khair, M. H., (2009). Toxicidade e acumulação de cobre em Nannochloropsisoculata (Eustigmatophycea, Heterokonta). *Revista Mundial de Ciências Aplicadas* 6(3): 378-384.

King, R. P. e Jonathan, G. E. (2010). Perturbações e Monitorização do Ambiente Aquático: Experiência Africana, EUA. 187pp.

Krishna, P. V., Jyothirmayi, V. e Madhusudhana, Rao K. (2014). Avaliação do risco para a saúde humana da acumulação de metais pesados através do consumo de peixe, da Costa de Machilipatnam, Andhra Pradesh, Índia. *Revista Internacional de Investigação em Saúde Pública e Ambiental* 1(5): 121-125.

Kumar Manoj, Arun Ratna, Rajesh Prashad, Trivedi, S.P., Sharma, Y.K. e Shukla, A.K. (2015). Avaliação da bioacumulação de zinco em peixes *Channa punctatus* expostos cronicamente. *Global Journal of Bio-Science and Bio-technology* 4(4): 347-355.

Kumar, M. e Kumar, R. (2013). Avaliação das propriedades físico-químicas das águas subterrâneas em áreas de mineração de granito em Goramachia, Ilansi, International UP, Índia. *Revista de Investigação em Ciências Ambientais* 2(1): 19-24.

Laxmi Priya, S., Senthilkumar, B., Hariharan, G., Paneer Selvam, A., Purvaja, R. e Ramesh, R. (2011). Bioacumulação de metais pesados na tainha (*Mugil cephalus*) e na ostra (*Crassostrea madrasensis*) do lago Pulicat, costa sudeste da Índia, Toxicol. *Ind. Health* 27(2):117-126.

Lenhardt, M., Jaric, I., Visnjic-Jeftic, Z., Skoric, S., Gacic, Z., Pucar, M., Hegedis, A. (2012). Concentrações de 17 elementos no músculo, brânquias, fígado e gónadas de cinco espécies de peixes economicamente importantes do rio Danúbio. *Knowl. Manag. Aquat. Ecosyst.* 407(02): 1-10.

Mahesh Kumar Akkaraboyina e Raju, B. S. N. (2012). Avaliação do índice de qualidade da água do rio Godavari em Rajahmundry. *Revista Universal de Investigação e Tecnologia Ambiental* 2(3): 161-167.

Mahino Fatima, Nazura Usmani e Mobarak Hossain M. (2014). Metal pesado no ecossistema aquático enfatizando seu efeito na bioacumulação de tecidos e histopatologia: A Review. *Jornal de Ciência e Tecnologia Ambiental* 7: 1-15.

Malik N., Biwas A.K., Qureshi T.A. e Borana K. (2010). Bioacumulação de metais pesados em tecidos de peixes de um lago de água doce de Bhopal. *Environ. Monit. Assess.* 160:267-276.

McIntyre, Jenifer K., David H. Baldwin, James P. Meador e Nathaniel L. Scholz (2008). Chemosensory deprivation in juvenile coho salmon exposed to dissolved copper under varying water chemistry conditions" [Privação quimiossensorial no salmão-coho juvenil exposto ao cobre dissolvido em condições químicas variáveis da água]. *Environmental Science and Technology* 42(4): 1352-1358.

Meye, J. A. e R. B. Ikomi (2012). Abundância sazonal de peixes e eficiência das artes de pesca no rio Orogodo, Delta do Níger, Nigéria. *Jornal Mundial de Peixes e Ciências Marinhas* 4(2): 191200.

Mogborukor, J. O. A. (2014). Ajuste morfológico de um rio tropical à urbanização. *Revista Internacional de Ciência e Tecnologia Aplicada* 4(4): 169-179.

Mohamad, E. A., Osman, A. R. (2014). Concentração de metais pesados na água, músculo e brânquias de *Oreochromis niloticus* coletados da água tratada de esgoto e do Nilo Branco. *Inter. J. Aquacul.,* 4(6): 36-42.

Mukti Gill (2014). Stress de metais pesados em plantas: uma revisão. *Jornal Internacional de Pesquisa Avançada* 2(6): 1043-1055.

Obasohan E. E. e Eguavoen O. I. (2008). Variações sazonais da bioacumulação de metais pesados num peixe de água doce (*Erpetoichthys calabaricus*) do rio Ogba, cidade de Benin, Nigéria. *Afr. J. Gen. Agric.* 4(3): 153-163.

Obasohan, E.E. e Oronsaye, J. A. O. (2004). Bioacumulação de Metais Pesados por Alguns Ciclídeos do Rio Ogba, Cidade de Benin, Nigéria. *Manual de Ciências Nacionais da Nigéria* .5 (2): 11-21.

Ogoyi, D. O., Mwita C. J., Nguu E. K. e Shiundu P. M. (2011). Determinação do teor de metais pesados na água, sedimentos e microalgas do Lago Vitória, África Oriental. *Jornal Aberto de Engenharia Ambiental* 4: 156-161.

Ogunfowokan, A.O., Oyekunle, J.A.O., Olutona, G.O., Atoyebi, A.O. e Lawal, A. (2013). Estudo de especiação de metais pesados em água e sedimentos do rio Asunle da Universidade Obafemi Awolowo, Ile-Ife, Nigéria. *Revista Internacional de Proteção Ambiental* 3(3): 6-16.

Oguzie, F. A. e Achegbulu, C. E. (2010). Concentrações de metais pesados em camarões comercialmente importantes do rio Ovia no Estado de Edo, Nigéria. *Jornal de Investigação das Pescas e Hidrobiologia,* 5(2): 179-184.

Oguzie, F. A. e Izevbigie, E. E. (2009). Um estudo da concentração de metais pesados nos sedimentos a montante do rio Ikpoba e do reservatório na cidade de Benin, Nigéria. *Bios. Res. Commun.* 21(3): 119-127.

Okocha, R. O. e Adedeji O. B. (2012). Visão geral da toxicidade do cobre para a vida aquática. *Relatório e Parecer* 4(8): 57-68.

Okocha, R. O. e Adedeji O. B. (2011). Visão geral da toxicidade do cádmio em peixes. *Jornal de Investigação em Ciências Aplicadas,* 7(7): 1195-1207.

Olaifa, F. E., Olaifa, A. K., Adelaja, A. A. e Owolabi, A. G. (2004). Contaminação por metais pesados de *Clarias gariepinus* de um lago e de uma exploração piscícola em Ibadan, Nigéria. *Jornal Africano de Investigação Biomédica* 7: 145-148.

Ololade, I., Lajide, L., Amoo, I. e Oladoja, N. (2008). Investigação da contaminação por metais pesados de mariscos marinhos comestíveis. *Afr. J. Pure and Appl. Chem.* 2(12): 121-131.

Orjiekwe, C. L., D.T. Dumo e N.B. Chinedu (2013). Avaliação da qualidade da água do rio Ogbese na área do governo local de Ovia North-East do estado de Edo, Nigéria. *Int. J. Biol. Chem. Sci.* 7(6): 2581-2590.

Oronsaye, J. A. O., Wangboje, O. M. e Oguzie, F.A. (2010).Trace Metal in Some Benthos Fish of the Ikpoba River Dam, Benin City Nigeria. *Jornal Africano de Biotecnologia* 9(51): 8860-8864.

Osakwe, S. A. e Peretiemo-Clarke, B. O. (2013). Avaliação de metais pesados em sedimentos do Rio Ethiope, Estado do Delta, Nigéria. *IOSR Journal of Applied Chemistry* 4(2): 1-4.

Oyem I.M., Oyem H.H., Oyem M.N., Usese A.I., Ezeweali D. e Obiwulu E.N. (2015). Uma investigação sobre a contaminação das águas subterrâneas nas comunidades de Agbor e Owa na Nigéria. *Revista Sacha de Estudos Ambientais.* 5(1):28-35.

Pandey Govind e Madhuri S. (2014). Metais pesados que causam toxicidade em animais e peixes. *Jornal de Pesquisa de Ciências Animais, Veterinárias e Pesqueiras* 2(2): 17-23.

Tchounwou, Paul, B., Clement G Yedjou, Anita K Patlolla e Dwayne J Sutton (2014). Toxicidade de metais pesados e o meio ambiente. *Toxicologia molecular, clínica e ambiental.* 101: 133-164

Perera, P.A.C.T., Suranga P. Kodithuwakku, T.V. Sundarabarathy e U. Edirisinghe (2015). Bioacumulação de cádmio em peixes de água doce: Uma perspetiva ambiental. *Insight ecology* 4(1): 1-12.

Puyate Y.T., Rim-Rukeh A. e Awatefe J.K. (2007). Avaliação da poluição por metais e distribuição granulométrica dos sedimentos do fundo do rio Orogodo, Agbor, Estado do Delta, Nigéria. *Jornal de Investigação em Ciências Aplicadas,* 3(12):2056-2061.

Quratulan Ahmed, Levent Bat, Farzana Yousuf, Qadeer Mohammad Ali e Kanwal Nazim (2015). Acumulação de metais pesados (Fe, Mn, Cu, Zn, Ni, Pb, Cd e Cr) em tecidos de cavala espanhola de barra estreita (Família-Scombridae) comercializada pelo porto de peixes de Karachi. *Open Biological Sciences Journal* 1: 20-28.

Reza, R e Singh G. (2010) Heavy metal contamination and its indexing approach for river water. *Int. J. Environm. Sci. Technol.* 7: 785-792.

Rim-Rukeh, Akpofure, Ikhifa, O. Grace e Okokoyo, A. Peter (2006). Effects of agricultural activities on the water quality of Orogodo River, Agbor Nigeria (Efeitos das actividades agrícolas na qualidade da água do rio Orogodo, Agbor Nigéria). *Jornal de Investigação em Ciências Aplicadas* 2(5): 256-259.

Robin, A. Bernhoft (2013). Toxicidade e tratamento do cádmio. *O Jornal Científico Mundial.* 2013: 1-7.

Romeo M, Siau Y, Sidoumou Z, Gnassia-Barell M (1999). Distribuição de metais pesados em diferentes espécies de peixes da costa da Mauritânia. *Sci. Total Environ.* 232:169-175.

Romijin, C. A. F., Luttik, R., Van Demeent D. e Canton J. H. (1993). Apresentação de um algoritmo geral para incluir a avaliação dos efeitos do envenenamento secundário na derivação de critérios de qualidade ambiental em cadeias alimentares aquáticas. *Ecotoxicidade da Segurança Ambiental* 26:61-85.

Rossi, N. G. e Jamet J. L. (2008). Metais pesados in situ (cobre, chumbo e cádmio) em diferentes compartimentos de plâncton e partículas em suspensão em dois ecossistemas costeiros mediterrânicos acoplados (Baía de Toulon, França). *Marin. Pollut. Bull.* 56: 18621870.

Sociedade Real de Química (2015). Chumbo - Informações, propriedades e usos do elemento | Tabela Periódica. Retrieved from-www.rsc.org/periodic-table/element/82/lead on November 25, 2015.

Saeed Zahedi, Hossein Vaezzade, Maryam Rafati, Musa Zarei Dangesaraki (2014). Toxicidade aguda e acumulação de ferro, manganês e alumínio no peixe Kutum do Cáspio (*Rutilus kutum*). *Jornal Iraniano de Toxicologia* 8(24): 1028-1033.

Saeidi Mohsen e Jamshidi A. (2010). Avaliação da poluição por metais pesados e petróleo dos sedimentos do sudeste do Mar Cáspio utilizando índices. *Jornal de Estudos Ambientais* 36: 21-38.

Sehar Afshan, Shafaqat Ali, Uzma Shaista Ameen, Mujahid Farid, Saima Aslam Bharwana, Fakhir Hannan e Rehan Ahmad (2014). Efeito de diferentes poluições por metais pesados nos peixes. *Res J. Chem. Environ. Sci.* 2(2): 35-40.

Organização de Normalização da Nigéria (2007). Norma Nigeriana para a Qualidade da Água Potável. Norma Industrial Nigeriana, pp: 30.

Szentmihalyi, K. e Then, M., (2007). Exame de microelementos em plantas medicinais da bacia dos Cárpatos. *Ata Alimentaria* 36: 231-236.

Uneke Bilikis Iyabo e Aloh Immaculate (2015). Concentração de Metais Pesados (Zn, Cd, Pb) em Rim e Brânquias de Peixe-gato (*Clarias spp.*) no Rio Ebonyi, Sudeste da Nigéria. *AASCIT Journal of Bioscience* 1(2): 9-14.

Programa das Nações Unidas para o Ambiente, PNUA (2010). Revisão final da informação científica sobre o cádmio. Secção de Produtos Químicos, DTIE, Programa das Nações Unidas para o Ambiente.

Utete Beaven, Joshua Tsamba, Exeverino Chinoitezvi, Blessing Kavhu. (2017). Análise da abundância e distribuição espacial do hipopótamo comum, (*Hippopotamus amphibius*) na Barragem de Manjirenji, Zimbabué, para informar a conservação e detetar hotspots de conflito homem-vida selvagem. *Jornal Africano de Ecologia*,1-6.

Uwem Okon Edet e Bassey Okon Edet (2014). Perfil de Contaminação por Metais Pesados de Quatro Mariscos Seleccionados Colhidos no Rio Itu na Região do Delta do Níger da Nigéria. *Revista Internacional de Inovação e Estudos Aplicados* 8(4): 1831-1835.

Varol, M. e Sen B. (2012). Avaliação da contaminação por nutrientes e metais pesados em águas superficiais e sedimentos do rio Tigre superior, Turquia. *Catena* 92: 1-10.

Vesey, D.A., (2010). Vias de transporte do cádmio no intestino e no túbulo proximal do rim: Foco na interação com metais essenciais. *Toxicol. Letters.*, 198(1): 13-19.

Wangboje O. M,, Oronsaye J. A. O. e E. C. Okeke (2014). O uso da ostra do mangue (*Crossostrea Gasar*) como bioindicador de contaminação por elementos químicos no Delta do Níger. *Revista Africana de Alimentação, Agricultura, Nutrição e Desenvolvimento* 14(3): 89038919.

Wangboje, O. M. e Ikhuabe, A. J. (2015). Teor de metais pesados em peixes e água do rio Níger em Agenebode, Estado de Edo, Nigéria. *Jornal Africano de Ciência e Tecnologia Ambiental.* 9(3): 210-217.

Wangboje, O.M. e Oronsaye, J.A., (2001). Bioacumulação de Ferro, Chumbo, Mercúrio, Cobre, Zinco e Crómio por Espécies de Peixes do Rio Ogba, Cidade de Benin, Nigéria. *Revista africana de zoologia e biologia ambiental aplicada* 37:45-49.

Wetzel R.G. (2001). Limnologia: Lake and river ecosystems. San Diego: Academic Press. 1006.

Wikipedia (2016d). Ironpoisoning . Retrievedfrom : https://en.m.wikipedia.org/wiki/Iron envenenamento em 14 de maio de 2016.

Wikipédia, a enciclopédia livre (2015a). Pollutant. Recuperado de https://en.m.wikipedia.org/wiki/Pollutant em 12 de novembro de 2015.

Wikipédia, a enciclopédia livre (2015b). Chumbo. Recuperado de https://en.m.wikipedia.org/wiki/Lead em 24 de novembro de 2015

Wikipédia, a enciclopédia livre (2015c). Zinco. Recuperado de https://en.m.wikipedia.org/wiki/Zinc em 26 de novembro de 2015.

Williams, A. B. (2013). Contaminação por Pesticidas em tecidos musculares de peixes corvina da Lagoa de Lagos, Nigéria. *Revista Transnacional de Ciência e Tecnologia* 3(1): 71-83.

Williams, A. B. e Unyimadu, J. P. (2013). Resíduos de pesticidas organoclorados em tecidos musculares de *Ethmalosa fimbriata* e *Psettiassebae* da Lagoa de Lagos, Nigéria. *Revista Internacional de Investigação Académica* 5(1): 166-172.

Organização Mundial de Saúde (2006). Directrizes para a Qualidade da Água Potável. 3rd Edition, Volume 1, Recomendações da OMS, Genebra, pp: 515.

Organização Mundial de Saúde. (1989). *Metais pesados - aspectos ambientais.* Critérios de saúde ambiental. No. 85. Genebra, Suíça.

Xing Wei e Liu Guihua (2011). Biogeoquímica do ferro e seus impactos ambientais em lagos de água doce. *Boletim Ambiental Fresenius* 20(6): 1339-1345.

yes

I want morebooks!

Buy your books fast and straightforward online - at one of world's fastest growing online book stores! Environmentally sound due to Print-on-Demand technologies.

Buy your books online at
www.morebooks.shop

Compre os seus livros mais rápido e diretamente na internet, em uma das livrarias on-line com o maior crescimento no mundo! Produção que protege o meio ambiente através das tecnologias de impressão sob demanda.

Compre os seus livros on-line em
www.morebooks.shop

Printed by Books on Demand GmbH, Norderstedt / Germany